现代金属工艺实用实训丛书

现代车工实用实训

李志军　武建荣　编著

西安电子科技大学出版社

内 容 简 介

    本书是为高职高专院校学生学习相关的专业课和掌握车工基本技能而编写的实训教材。书中结合作者多年成功的教学经验，对传统的车工实训内容进行了梳理和拓展，有的放矢，力求实用，并突出车床结构原理、操作规范及应用效果。全书共分八部分，分别介绍了车床基本知识及其操作、车刀、工件安装、切削用量、车削基本工作、常用量具的使用和保养、零件技术要求和车削加工工艺。经过教、学、练的过程，可使学生在设备使用、刀具选择、工艺步骤、操作技能、实际加工等方面打下坚实的基础。

现代金属工艺实用实训丛书

编委会名单

主　任：王红英

副主任：李志军

委　员：彭　彦　　陈斐明　　刘富觉　　莫守形

　　　　汤伟杰　　武建荣　　韩振武　　李朋滨

前　　言

　　本书介绍的内容是现代高职高专院校大学生应掌握的基本知识和基本操作技能，书中提供的典型实例都是成熟的操作工艺，便于学习者模仿和借鉴，从而减少了学习中的弯路，使其所学知识及技能能更方便快捷、更好地运用到实际生产中去。本书是学习者从业和就业的良师益友。

　　车工是机械加工中最常用的工种。无论是在成批大量生产，还是在单件小批量生产以及机械维修等方面，车削加工都占有非常重要的地位。车削除了可以加工金属材料外，还可以加工木材、塑料、橡胶、尼龙等非金属材料。车工在机械加工中占有很重要的地位。

　　本书图文并茂，形象逼真，通俗易懂，言简意赅，是进入机械加工领域的入门书，主要为高职在校学生编写，力求实用，便于自学。

　　本书在编写过程中，参考了国内外有关著作和研究成果，邀请了部分技术高超、技艺精湛的高技能人才进行示范操作，在此谨向有关参考资料的作者、参与示范操作的人员以及帮助本书出版的有关人员、单位表示最诚挚的谢意。

由于编者水平有限，加之编写时间仓促，疏漏与不当之处在所难免，敬请专家和读者朋友批评指正。

编　者

2014 年 11 月

于深圳职业技术学院

目　　录

引　　言

我们看到的哑铃是怎么做出来的呢？

它是用机械加工的方法加工出来的。机械加工的工种很多，哑铃的加工是采用车削加工和铣削加工来完成的，如图 0-1 及图 0-2 所示。下面我们就一步一步地了解一下哑铃加工的整个过程。

图 0-1　毛坯料

图 0-2　哑铃

任务一　车床基本知识及其操作

为了用车削加工的方法加工出哑铃,我们必须熟悉车削加工所用的设备——车床。

车削加工是机械加工中一个主要的基本工种。车削加工是在车床上利用工件的旋转运动和车刀的直线(或曲线)运动来改变毛坯的尺寸、形状,使之成为合格工件的一种金属切削方法。车削加工的三个要素就是车床、车刀和工件。

1.1　车床及其结构

对车工而言,要正确使用好车床,完成零件的加工,就必须熟悉车床的性能、结构,学会保养、维护和调整车床,以充分发挥其应有的作用,保证优质、高效地完成生产任务。

车床的种类非常多,其工艺范围也很广,在机械加工中占有重要的地位,其中尤以普通卧式车床使用最为普遍。我们将重点介绍普通卧式车床。

1. 车床型号

机床型号是机床产品的代号,用以简明地表示机床类别、主要规格、技术参数和结构特性等。我国目

前的机床型号是由汉语拼音字母和阿拉伯数字按一定
规律排列组成的，如图 1-1 和表 1-1、表 1-2 所示。

| 类代号 | 通用特性 | 结构特性 | 组代号 | 系代号 | 主参数折算值 | 改进序号 | 长度规格 |

图 1-1　机床型号排列规律

表 1-1　通用机床类及小类代号

类别	车床	钻床	镗床	磨　床			齿轮加工机床	铣床
代号	C	Z	T	M	2M	3M	Y	X

类别	螺纹加工机床	刨床	拉床	特种加工机床	锯床	其他机床
代号	S	B	L	D	G	Q

表 1-2　机床通用特性代号

通用特性	高精度	精密	自动	半自动	数控	加工中心(自动换刀)	仿型	轻型	加重型	简型
代号	G	M	Z	B	K	H	F	Q	C	J

注：特性代号有时不标注。

以实训使用的 C6132A 型车床为例，其各项意义
如下：

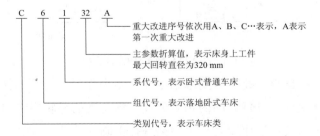

重大改进序号依次用A、B、C…表示，A表示第一次重大改进

主参数折算值，表示床身上工件最大回转直径为320 mm

系代号，表示卧式普通车床

组代号，表示落地卧式车床

类别代号，表示车床类

2．车床各部分的名称及其功用

图 1-2 和图 1-3 是 C6132A 型车床。车床主要由床身、主轴箱、进给箱、光杠、丝杠、溜板箱、刀架、尾座及床腿等部分组成。

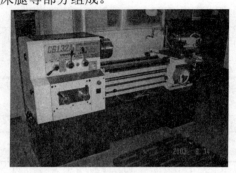

图 1-2　C6132A 型车床实物图

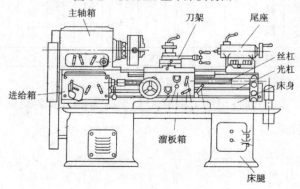

图 1-3　C6132A 型车床结构示意图

床身　是车床的基础零件，用来连接各主要部件并保证各部件之间的相对位置。床身上的导轨用来引导刀架和尾座相对于主轴箱进行正确的移动。

主轴箱　内装主轴和主轴变速机构。电动机的运动经 V 型带传动传给主轴箱，通过变速机构使主轴得到不同的转速。主轴又通过传动齿轮带动配换齿轮旋转，将运动传给进给箱。主轴为空心结构，如图 1-4 所示。前部外锥面用于安装夹持工件的附件(如卡盘等)，前部内锥面用来安装顶尖，细长的通孔可穿入长棒料。

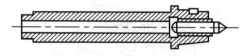

图 1-4　车床主轴示意图

进给箱　内装进给系统的变速机构，通过调整进给箱的变速机构，可以调节不同的进给速度。进给箱输出的运动通过光杠、丝杠传递给溜板箱。

光杠　用于自动走刀时车削除螺纹以外的表面。

丝杠　只用于车削螺纹。

溜板箱　它是车床进给运动的操纵箱。它可以将光杠传来的旋转运动变为车刀的纵向直线移动或横向直线移动，用于车削除螺纹以外的表面；也可通过开合螺母手柄将丝杠的旋转运动直接转变为刀架的纵向移动以车削螺纹。

刀架　位于溜板箱的上部，结构如图 1-5 所示。刀架分为四层，最低一层为大刀架，又称床鞍或大拖板，它带动整个刀架沿导轨纵向移动。大刀架上面一层是中刀架，又称中滑板，它可以沿大刀架上面的横向导轨做横向移动。中刀架上面是小刀架，又称小滑板，小刀架可以做短距离的移动，还可以在中刀架的圆形轨道上任意扳转角度。小刀架上面是方刀架，方刀架用来架持车刀，可以同时安装四把车刀，并可根据需要将任一把刀手动转到工作位置并锁紧。

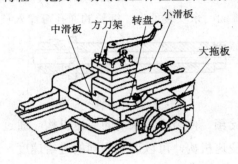

图 1-5　刀架的组成

尾座　可沿床身导轨做纵向移动，而且可固定在任意位置上。在尾座套筒内安装顶尖，可支撑轴类零件，也可安装钻头等刀具在工件上进行孔加工。手摇尾座手轮，可伸缩尾座套筒。

3. 卧式车床的传动

车床的运动分为工件旋转和刀具进给两种运动。前者叫主运动，是由电动机经带轮和齿轮等传至主轴产生的；后者是由主轴经齿轮等传至光杠或丝杠，从而带动刀具移动而产生的。进给运动又分为纵向(纵走刀)和横向(横走刀)两种运动，纵向进给运动是指车刀沿车床主轴轴向移动；横向进给运动是指车刀沿主轴径向移动。

车床传动示意图如图 1-6 所示，图 1-7 所示为车床传动框图。

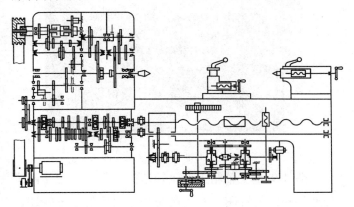

图 1-6　车床传动示意图

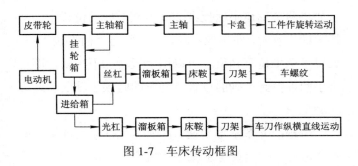

图 1-7　车床传动框图

4．卧式车床的调整和各手柄的使用

1) 主轴转速的调整

主轴转速的调整是靠变换主轴箱上的变速手柄

A、B 和高低速转换按钮的位置来进行的。每个手柄有三个正常位置，可以获得 12 种不同的转速，如图 1-8 所示。

图 1-8　主轴箱上的变速手柄

图 1-9 是主轴箱上主轴转速的标牌。左边是两个变速手柄的位置图，右边是与之相对应的主轴转速，单位是 r/min。当我们要获得主轴 260 r/min 的转速时，就要将两个变速手柄扳到 260 转相对应的位置上。变换手柄位置时，左推或右拉，一定要将手柄推拉到位。如果手柄推拉不到位，可以用手扳转一下主轴，即可将手柄推拉到正确的位置。开车的时候主轴的转速为 260 r/min。

注意：**开车不准变速！**否则容易打坏主轴箱中的变速齿轮，一定要等主轴停稳后再变速。

开车后如果主轴不旋转，说明变速手柄没有到位。此时应停车，等车床电动机停止转动后再将手柄扳到正确的位置。这时再开车，主轴即可正常旋转。

手　柄	高低速旋钮	主转轴速 r/min 50 Hz/60 Hz	传动效率	主轴的工作能力		最薄弱环节
				输出功率 kW	最大转矩 N·m 50 Hz/60 Hz	
(B A)	蓝	1600/2000		4.095	22.3/17.78	
	黄	800/1000		2.73	29.64/23.7	
(B A)	蓝	1120/1400		4.095	31.76/25.4	
	黄	560/700		2.73	42.34/33.88	
(B A)	蓝	360/450	0.91	4.095	98.8/79	三角皮带
	黄	180/225		2.73	131.7/105.4	
(B A)	蓝	260/320		4.095	136.8/111.2	
	黄	130/160		2.73	182.4/148.2	
(B A)	蓝	210/260		4.095	169.4/136.8	
	黄	105/130		2.73	225.8	
(B A)	蓝	50/60	0.86	3.87		
	黄	25/30		2.58	182.4	

图 1-9　主轴箱上主轴转速的标牌

2) 进给量的调整

进给量大小和螺距大小的调整是靠调整进给量调整手柄 1 和进给量调整手柄 2 来实现的，如图 1-10 所示。按螺距和进给量标牌的指示，通过数字 1～6、数字 Ⅰ～Ⅴ、字母 A～F 以及字母 S、M 各挡的不同组合，实现各种螺距和各种进给量。这里需要指出的是，在操作时，将手柄直接左右摆动，改变的是数字；将手柄先向外掰，然后再左右摆动，改变的则是字母。

特别注意，"M"挡对应的是螺距，接通丝杠传动；"S"挡对应的是进给量，接通光杆传动。实际使用中要选择正确。

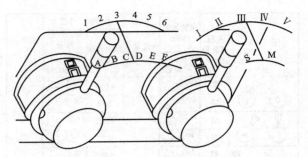

图 1-10　进给量调整手柄示意图

3) 刻度盘的计算和应用

在车削工件时，为了正确和迅速地掌握吃刀量，通常利用中滑板或小滑板上的刻度盘进行操纵。

中滑板的刻度盘装在横向进给的丝杠上，当摇动横向进给丝杠转一圈时，刻度盘也转了一圈。这时固定在中滑板上的螺母就带动中滑板、车刀移动一个导程。如果横向进给丝杠导程为 5 mm，刻度盘分 100 格，当转动进给丝杠一周时，中滑板就移动 5 mm，当刻度盘转过一格时，中滑板移动量为 5 mm/100＝0.05 mm。

使用刻度盘时，由于螺杆和螺母之间的配合往往存在间隙，因此会产生空行程(即刻度盘转动而滑板并未移动)。所以当刻度盘正转(见图 1-11(a))调整好的吃刀量过大时，不能只将刻度盘反转作吃刀量的微量调整(见图 1-11(b))，而应反转刻度盘的格数多些，消除空行程并使滑板后退，然后再正转刻度盘到需要的格数(见图 1-11(c))。但必须注意，中滑板刻度的吃刀量应是工件余量尺寸的 1/2。

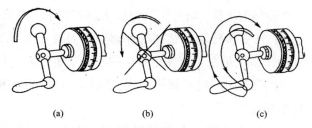

　　　　(a)　　　　　　　　(b)　　　　　　　　(c)

图 1-11　消除刻度盘空行程的方法

1.2　车床的操作

1) 车床安全操作规程

(1) 操作前要穿好实训服、戴好实训帽，并把长发纳入帽内，严禁穿裙子、短裤、高跟鞋、凉鞋等进入现场；

(2) 启动车床前应检查各手柄位置是否正确且各部分结构是否会发生碰撞，同时对车床各部位进行加油润滑；

(3) 工件和刀具必须装夹牢固，且及时取下卡盘扳手和装刀扳手以防车床启动后飞出伤人；

(4) 启动车床低速运转 2、3 分钟，让内部润滑的同时查看各部结构运转是否正常，且不允许用手触摸旋转的机件和工件，更不允许戴手套操作车床；

(5) 车削时为防止切屑飞入眼睛必须戴上防护镜；

(6) 车床操作必须精力集中，身体和衣服不能靠近正在旋转的机件，如光杠、丝杠、操纵手轮和卡盘等；

(7) 凡变换转速、装夹工件、更换刀具、检测工件等操作必须是在车床完全停止的状态下进行；

(8) 清理切屑时必须用专用的铁钩，严禁用手和量具进行清理；

(9) 车床只能一人单独操作而不能多人同时操作，且操作者不能无故离开正在开动的车床；

(10) 工作结束后应先关闭电源再进行现场整理，即擦拭维护车床、整理物器件、清除铁屑及杂物，并把工作现场清扫干净。

2) 车床的操作

(1) 接通电源。其操作步骤如下：

① 接通总电源，一般电源电压为 380 V，注意观察电闸箱电压表。

② 接通车床电源，车床本身有一电源开关旋钮。

③ 接通车床照明灯电源开关，一般为 24 V 安全电压。

(2) 润滑车床。

① 润滑方法有以下七种。

a. 浇油润滑。车床露在外面的滑动表面，如车床的床身导轨面，中、小滑板导轨面和丝杠等擦干净后用油壶直接浇油润滑。

b. 溅油润滑。车床齿轮箱内等部位的零件一般是利用齿轮转动时的离心力把润滑油飞溅到各处进行润滑，如主轴箱、溜板箱等的润滑。通常要求定期换油。

c. 油绳润滑。进给箱内的轴承和齿轮除了用溅油润滑外还靠进给箱上部的储油池通过油绳进行润滑。要求是每班给油池加油一次。

d. 弹子油杯润滑。车床尾座、小拖板摇动手柄转动轴承等很多部位一般都采用这种方式进行润滑。润滑时用油嘴将弹子撅下，注入润滑油。要求每班至少注油一次。

e. 油杯润滑。车床滑板上用来给导轨润滑的部位，将油注入即可润滑。要求每班注油一次。

f. 油脂杯润滑。有的车床挂轮箱中的中间介轮轴采用油脂杯润滑。将杯中装满油脂，当拧进油杯盖时便将油挤入轴承套内。一般要定期加油，按时旋进。

g. 油泵循环润滑。这种方式是依靠车床内的油泵供应充分的油量来进行润滑。如 C620 型车床的床头箱即是如此。

一般情况下车床说明书或车床的相应部位均附有润滑图表。

② 润滑油种类及选用。普通车床属于一般设备。一般安装在常温环境，不与水蒸气、腐蚀性气体接触。选用润滑油的主要技术指标是黏度，选用油种一般为机械油和润滑脂。

a. 机械油。这是一种不含任何添加剂的矿物润滑油，其安定性较差，国外已淘汰。在我国，机械油也逐渐被液压油替代，但仍有几个牌号的机械油在一些设备上使用。

机械油按 40℃ 运动黏度分为 N5、N7、N10、N15、N22、N32、N46、N68、N100、N150 等 10 个牌号，数字愈大黏度愈大。

机械油选用原则是：主要根据机械摩擦部件的负荷、运动速度和温度来选择合适的牌号。普通车床一般选用 N46 和 N32 机械油。

b. 润滑脂。将某种稠化剂均匀地分散在润滑油中得到的半流体状或黏稠膏状的物质就是润滑脂。俗称"黄油"或"牛油"。其基本组成是稠化剂、润滑油和添加剂。国产通用润滑脂大部分是用稠化剂名称定义的。

我们常用的钙基润滑脂便是用钙皂作稠化剂的。它的名称前面也标有数字，即是牌号。一般规律是，数字小的滴点低，锥入度大。

例如，钙基润滑脂为 1#、2#、3#、4#、5#，其滴点分别为 75℃、80℃、85℃、90℃、95℃，其锥入度依次为 310～340、265～290、210～250、175～205、130～160 等。润滑脂一般按车床说明书来选用。

③ 润滑车床。按车床润滑要求用油壶和油枪对车床各部分进行润滑，如图 1-12 所示，并低速运转车床 2～3 分钟。

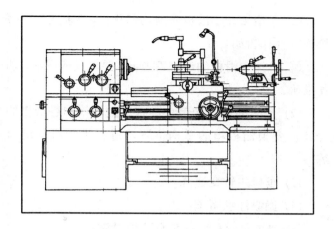

图 1-12 车床润滑示意图

(3) 操作车床。操作车床的步骤如下:

① 变换各种转速(包括低、高转速);

② 主轴的正转和反转(低、中等转速下进行);

③ 各种进给量的调整(包括调整挂轮箱齿轮);

④ 加工螺纹时各种类型螺纹螺距的调整(包括调整挂轮箱齿轮);

⑤ 自动进给手柄的操纵(包括纵向和横向进给);

⑥ 开合螺母手柄的操纵;

⑦ 大、中、小刻度盘的使用。

1.3 车床操作专训

车床操纵练习步骤如下:

(1) 床鞍、中滑板和小滑板摇动练习。

① 中滑板和小滑板慢速均匀移动,要求双手交替操作,动作自如。

② 分清中滑板的进退刀方向,要求反应灵活,动作准确。

(2) 车床的启动和停止。练习主轴箱和进给箱的变速,变换溜板箱的手柄位置,进行纵横机动进给练习。

(3) 车床主轴变速练习。

(4) 操纵注意事项:

① 要求每台车床都具有防护设施。

② 摇动滑板时要集中注意力,作模拟切削运动。

③ 变换车速时,应停车进行。

④ 车床运转操作时转速要慢,注意防止左右前后碰撞,以免发生事故。在教师操作演示后,要求学生逐个轮换练习一次,然后再分散练习,以防止机床发生事故。

任务二　认识车刀

在车削加工中，熟悉了加工的设备——车床后，还需要了解车削所用的刀具——车刀。

2.1　车刀基本知识

1. 车刀的种类

车刀的种类如图 2-1 所示。对这些车刀可按其用途和结构进行分类。

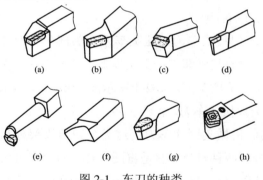

图 2-1　车刀的种类

按用途分：

① 外圆车刀。如图 2-1(a)、(b)所示，主偏角一般取 75°和 90°，用于车削外圆表面和台阶。

② 端面车刀。如图 2-1(c)所示，主偏角一般取 45°，用于车削端面和倒角，也可用来车外圆。

③ 切断、切槽刀。如图 2-1(d)所示，用于切断工件或车沟槽。

④ 镗孔刀。如图 2-1(e)所示，用于车削工件的内圆表面，如圆柱孔、圆锥孔等。

⑤ 成形刀。如图 2-1(f)所示，有凹、凸之分，用于车削圆角和圆槽或者各种特形面。

⑥ 内、外螺纹车刀。这类车刀用于车削外圆表面的螺纹和内圆表面的螺纹。图 2-1(g)为外螺纹车刀。

按结构分：

① 整体式车刀。刀头部分和刀杆部分均为同一种材料。用作整体式车刀的刀具材料一般是高速钢，如图 2-1(f)所示。

② 焊接式车刀。这类车刀刀头部分和刀杆部分分属两种材料，即刀杆上镶焊硬质合金刀片，而后经刃磨所形成的车刀。图 2-1 所示(a)、(b)、(c)、(d)、(e)、(g)均为焊接式车刀。

③ 机械夹固式车刀。这类车刀刀头部分和刀杆部分分属两种材料。它是将硬质合金刀片用机械夹固的方法固定在刀杆上的，如图 2-1(h)所示。这类车刀又分为机夹重磨式和机夹不重磨式两种。图 2-2 所示是机夹重磨式车刀，图 2-3 所示是机夹不重磨式车刀。两者的区别在于：后者刀片形状为多边形，即有多条切削刃，多个刀尖，用钝后只需将刀片转位即可使用新的刀尖和刀刃进行切削而不需重新刃磨；前者刀片

则只有一个刀尖和一个刀刃，用钝后就必须刃磨。

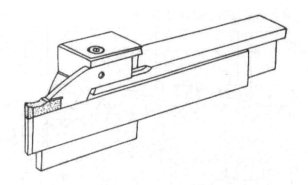

图 2-2　机夹重磨式车刀

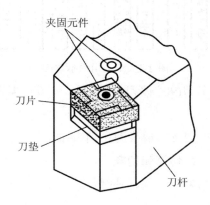

图 2-3　机夹不重磨式车刀

目前，机械夹固式车刀应用比较广泛，尤其以数控车床的应用更为广泛，用于车削外圆、端面、切断、镗孔及内、外螺纹等。

2．常用车刀的用途

常用车刀的用途如图 2-4 所示。

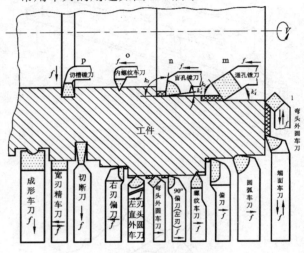

图 2-4　车刀用途示意图

外圆车刀(90°偏刀、75°偏刀、60°偏刀)：车外圆和台阶。

端面车刀(45°弯头刀)：车端面。

切断刀：切槽和切断。

螺纹车刀：车内、外螺纹。

镗孔刀：车内孔。

滚花刀：滚网纹和直纹。

圆头刀：车特形面。

3．车刀的组成

图 2-5 为车刀组成示意图。它是由刀头和刀杆两

部分组成。刀头用于切削,又称切削部分;刀杆用于把车刀装夹在刀架上,又称夹持部分。

车刀刀头在切削时直接接触工件,它具有一定的几何形状。如图 2-5(a)、(b)、(c)中所示是三种刀头为不同几何形状的车刀。

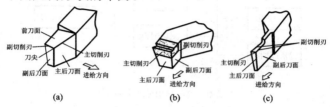

图 2-5 车刀组成示意图

车刀主要由以下各部分组成。见图 2-5:

(1) 前刀面:刀具上切屑流过的表面。

(2) 主后刀面:同工件上加工表面相互作用或相对应的表面。

(3) 副后刀面:同工件上已加工表面相互作用或相对应的表面。

(4) 主切削刃:前刀面与主后刀面相交的交线部位。

(5) 副切削刃:前刀面与副后刀面相交的交线部位。

(6) 刀尖:主、副切削刃相交的交点部位。为了提高刀尖的强度和耐用度,往往把刀尖刃磨成圆弧形和直线形的过渡刃。

(7) 修光刃:副切削刃近刀尖处一小段平直的切削刃。与进给方向平行且长度大于工件每转一转车刀沿进给方向的移动量，才能起到修光作用。

以上即是俗称的车刀切削部分的"三面两刃一尖"。其组成如图2-6所示。

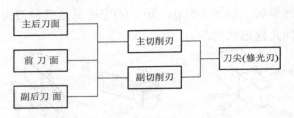

图2-6 车刀切削部分组成

4．车刀材料应具备的性能

车刀切削部分在工作时要承受较大的切削力和较高的切削温度以及摩擦、冲击和振动。因此车刀材料应具备以下性能。

1) 硬度

硬度是刀具材料应具备的基本特征。刀具材料的硬度要高于被加工材料的硬度，一般常温硬度须在HRC60以上。

2) 耐磨性

耐磨性即材料抵抗磨损的能力，是刀具材料的机械性能、组织结构和化学性能的综合反映。一般说来硬度愈高，耐磨性就愈好。

3) 耐热性

耐热性指在高温下能保持材料硬度、耐磨性、强度和韧性不变且不失切削性能。它是衡量刀具材料性能的主要指标。耐热性可用高温硬度表示，也可用红硬性(维持刀具材料切削性能的最高温度限度)表示。高温硬度愈高，则刀具切削性能愈好，允许的切削速度就愈高。同时，在高温下还应具有抗氧化、抗黏结、抗扩散的能力，即具有良好的化学稳定性。

4) 强度和韧性

为了承受冲击力、切削力和振动，刀具材料应具有足够的强度和韧性。强度用抗弯强度表示；韧性用冲击值表示。

5) 工艺性

为了便于刀具的制造，要求刀具材料具有良好的锻造、焊接、热处理、高温塑性变形和磨削加工等性能。

此外，还应考虑到刀具材料的经济性。

5. 常用的车刀材料

一般用作刀杆部分的材料为优质碳素结构钢，常采用 45#钢。

一般用作切削部分的材料有以下几种：

1) 合金工具钢

含铬、钨、硅、锰等合金元素的低合金工具钢加入合金元素后使硬度及耐磨性得到提高，淬透性较好，这类钢可制造刃形较复杂的低速刀具，如铰刀、拉刀、丝锥等。常用的牌号有 CrWMn 、9SiCr、GCr15、Cr12MoV 等。

2) 高速工具钢

高速工具钢简称高速钢，又称白钢和风钢，含有大量的钨、铬、钼、钒等合金元素，形成大量的高硬度碳化物相，淬火后的硬度可达 HRC63～70。淬火后不但硬度高，而且耐磨性、淬透性和回火稳定性显著提高，并有足够的韧性，当切削温度高达 600℃时仍能保持切削加工所要求的硬度。除高钒高速钢的磨削加工性能较差外，高速钢的工艺性也较好，所以在各种刀具材料中高速钢的性能最为理想。用高速钢制造刀具其显著的特点是制造工艺简单、韧性好、易于磨成锋利的刃口，因此常常用高速钢制造各种复杂精密的刀具，如车刀、铣刀、铰刀和齿轮刀具等。

高速钢的综合性能较好，可以加工从有色金属到高温合金等各种材料，是应用范围最广的一种刀具材料。其常用的种类和牌号有以下几种：

(1) 通用性高速钢。这种高速钢主要用于加工碳结钢、合结钢和普通铸铁等。常用牌号有 W18Cr4V、W6Mo5Cr4V2、W14Cr4VMnRe 等。其中，W18Cr4V 应用最广。

(2) 钴高速钢。这种高速钢主要用于加工高硬合金、不锈钢等难加工材料。常用牌号为 W2Mo9Cr4VCo8，其特点是具有良好的综合性能、硬度高(接近于

HRC70)，但其价格也较高，一般用于制造各种高精度复杂刀具。

(3) 超硬高速钢。这种高速钢主要用于加工调质钢材、高温合金等高难加工材料。常用牌号有 W6Mo5Cr4V2Al、W10Mo4CrV3Al 两种。这是我国研制的两种不含稀有金属钴而含廉价铝的新型超硬高速钢。这种高速钢价格比含钴高速钢低得多，可用来制造要求耐用度高、精度高的刀具，如拉刀、滚刀等。

(4) 粉末冶金高速钢。这是用粉末冶金法生产的高速钢。即用高压氩气或纯氮气雾化熔融的高速钢钢水直接得到细小的高速钢粉末，经高温、高压制成刀具形状或毛坯。其特点是碳化物晶粒细小、分布均匀，热处理后变形小且硬度、耐磨性、耐热性显著提高，磨削加工性能好，不足之处是成本较高。因此它主要用于制造断续切削刀具和精密刀具，如齿轮滚刀、拉刀和成型铣刀等。

3) 硬质合金

硬质合金是由难熔金属碳化物(如 WC、TiC、TaC 等)和金属黏合剂(Co、Ni 等)经过粉末冶金的方法制成。其特点是硬度很高，可达 HRC74～82；耐磨性和耐热性亦好，它所允许的工作温度可达 800～1000℃，甚至更高。所以它允许的切削速度比高速钢高几倍到几十倍。可用于高速强力切削和难加工材料的切削加工。其缺点是抗弯强度较低、冲击韧性较差，工艺性也较高速钢差得多。因此，它多用于制造简单的高速切削刀具，即用粉末冶金工艺制成一定规格的刀片镶嵌或焊接在刀体上使用。其常用的种类和牌号有以下几种。

(1) 常用硬质合金。按化学成分分有钨钴类(YG)、钨钴钛类(YT)、钨钛钽(或铌)类(YW)和碳化钛基硬质合金(YN)四类。常用牌号有 YG3、YG6、YG8、YT5、YT15、YT30、YW1、YW2、YN10。

① 钨钴类：主要适用于加工脆性材料，如铸铁、有色金属及非金属材料等。其中，含钴量多、韧性较好者，适宜粗加工；相反，则适宜精加工。

② 钨钴钛类：适用于高速切削塑性材料及好钢等。其中，含碳化钛量少而含钴量多者，适宜粗加工；相反，则适宜精加工。

③ 钨钛钽(或铌)类：主要适用于加工难切削材料和连续表面。

④ 碳化钛基类：主要适用于合金钢、工具钢、淬硬钢等的连续精加工。

(2) 钢结硬质合金。由 TiC、WC 作硬质相、以高速钢作黏合剂组成的一种新型刀具材料，其性能介于高速钢和常用硬质合金之间。钢结硬质合金烧结体经退火后可进行切削加工，经淬火后具有常用硬质合金的高硬度(HRC69～73)和好的耐磨性，可进行锻造和焊接。这类合金可用于制造拉刀、铣刀、钻头等形状复杂、耐用度高的刀具。

(3) 超细晶粒硬质合金。这类硬质合金碳化物(WC)晶粒尺寸在 1 μm 以下，Co 黏合剂可做到 0.2～0.4 μm，所以硬度高、韧性好，可用于加工高温合金或高强度合金等难加工材料。

(4) 涂层硬质合金。在韧性好的硬质合金基体上用气相沉积法等涂覆一层几微米厚且硬度高、耐磨性好的金属化合物(TiC、TiN、ZrC、陶瓷等)而制成的材料称为涂层硬质合金。用涂层硬质合金制成的刀片(粒)适用于无冲击的半精加工和粗加工。

4) 其他新型刀具材料

随着科学技术的发展，各种新型刀具材料不断被推出，如陶瓷、金属陶瓷、聚晶金刚石、立方氮化硼等超硬材料。用这些材料制成的刀片(粒)，用于精加工、半精加工或对特殊材料进行加工，其生产效率和加工质量都很高。

6. 车刀的角度及刃磨

本节主要侧重于介绍车刀的静态几何角度，而对车刀的工作角度暂且不作介绍；对于车刀刃磨，将结合实际操作讲解，暂不作书面单独讲解。

1) 车削过程中工件上形成的三个表面

车削过程中工件上形成的三个表面，如图 2-7 所示，分别是已加工表面、待加工表面和加工表面。

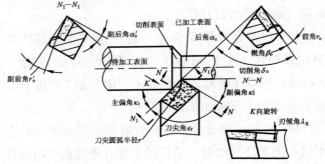

图 2-7　车刀切削部分要素

已加工表面——已被切去多余金属而形成的表面。每次进给均会产生一个已加工表面。

待加工表面——即将被切去金属层的表面。

加工表面(切削表面)——车刀正在切削的表面，与主切削刃对应或接触。

2) 确定车刀角度的三个坐标平面

确定车刀角度的三个坐标平面如图 2-8(a)所示，分别为基面 R、切削平面 P_{o} 和主剖面 P_{o}'。

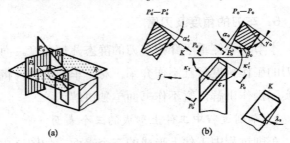

图 2-8　车刀坐标平面

基面——通过切削刃上某一点并垂直于该点假定主运动方向的平面。直观地讲，基面即平行于车刀的底面。

切削平面——与切削刃相切且垂直于该点基面的平面。可看出切削平面与基面是相互垂直的两个平面。

主剖面——通过切削刃上某一点并垂直于切削刃的平面。即同时垂直于切削平面和基面的平面。

7. 车刀的静态几何角度

如图 2-8(b)所示，车刀的静态几何角度也称标注角度，是制造、刃磨和测量车刀所必需的并标注在车刀设计图上的角度。车刀的静态几何角度是在假定只有主运动且主切削刃对准工件中心的条件下定义的，是不随车刀工作条件变化而变化的角度。它包括六个基本角度，存在于三个坐标平面内。

1) 在基面内标注和测量的角度

(1) 主偏角 κ_r：是主切削刃在基面上的投影与进给运动方向之间的夹角，只有正值。它的变化直接影响到切削状态和加工质量。减小主偏角可增加主切削刃参加切削的长度，有利于散热和减小刀具的磨损，使刀具作用于工件径向的切削力增加。当工件刚性不足时，易引起工件弯曲和振动，κ_r 常在 45°～75° 之间选取；车细长轴时，为避免顶弯工件，κ_r 应在

$75°\sim 90°$ 之间选取。

(2) 副偏角 κ_r'：是副切削刃在基面上的投影与背进给运动方向之间的夹角，只有正值。其作用是改变副切削刃与工件已加工表面之间的摩擦程度，直接影响着已加工表面的粗糙度。κ_r' 较小时，可减小切削时的残留面积，相应地也就减小了表面粗糙度值。一般 κ_r' 在 $5°\sim 10°$ 之间选取，精加工时宜选用较小的 κ_r'。

(3) 刀尖角 ε_r：主切削刃与副切削刃在基面上的投影的夹角。它与主、副偏角的关系为

$$\varepsilon_r = 180° - (\kappa_r + \kappa_r')$$

2) 在主剖面内标注和测量的角度

(1) 前角 γ_o：前刀面与基面间的夹角，有正、负、0 值。它的变化直接影响到车刀刃口的锋利和强度以及切屑的变形和切削力。当 γ_o 增大时，能使车刀刃口锋利、切削省力、切屑变形减小并使排屑方便；但 γ_o 过大，则刀尖强度被削弱，散热能力降低，容易造成磨损和崩刃。一般硬质合金车刀车削钢件时 γ_o 取 $10°\sim 25°$；车削铸铁时 γ_o 取 $5°\sim 15°$；高速钢车刀的 γ_o 在硬质合金车刀的基础上可适当加大些。

(2) 后角 α_o：后刀面与切削平面之间的夹角，有正、负、0 值。它的变化影响到车刀主后刀面与工件过渡表面之间的摩擦程度及刀刃强度和锋利程度。粗加工时为保证刀刃强度，α_o 要适当取小些；精加工时为避免擦伤已加工表面，α_o 要适当取大些。一般 α_o 在 $6°\sim 12°$ 之间选取。

(3) 楔角 β_o：前刀面与后刀面之间的夹角。它与前、后角的关系为

$$\beta_o = 90° - (\gamma_o + \alpha_o)$$

3) 在切削平面内标注和测量的角度

在切削平面内标注和测量的角度为刃倾角 λ_s，它是主切削刃与基面之间的夹角，有正、负、0 之分。刃倾角的主要作用是改变切屑的流向并影响刀头的强度。当 λ_s 取正(即刀尖在主切削刃上为最高点)时，切屑流向待加工表面；当 λ_s 取负(即刀尖在主切削刃上为最低点)时，切屑流向已加工表面；当 $\lambda_s = 0$(即主切削刃与基面平行)时，切屑沿着垂直于主切削刃的方向流出。一般 λ_s 在 $-5° \sim 10°$ 之间选取。精加工时为防止划伤已加工表面，λ_s 应取 0 或正值；粗加工时为提高刀头强度，λ_s 应取负值。

2.2 车刀的使用及安装

对于设计或者刃磨的很好的车刀，如果安装不正确就会改变车刀应有的角度，直接影响工件的加工质量，严重的甚至无法进行正常切削。所以，使用车刀时必须正确安装车刀。

1. 刀头伸出不宜太长

车刀在切削过程中要承受很大的切削力，伸出太长刀杆刚性不足，极易产生振动而影响切削。所以，

车刀刀头伸出的长度应以满足使用为原则，一般不超过刀杆高度的两倍。

图 2-9 为几种车刀安装示意图，图 2-9(a)安装正确；图 2-9(b)中伸出较长，安装不正确；图 2-9(c)中的刀头悬空且伸出太长，安装不正确。

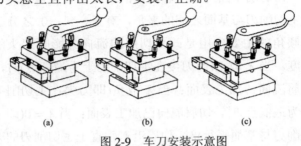

(a)　　　　　　　(b)　　　　　　　(c)

图 2-9　车刀安装示意图

2. 车刀刀尖高度要对中

车刀刀尖要与工件回转中心高度一致，如图 2-10 所示。高度不一致会使切削平面和基面变化而改变车刀应有的静态几何角度，进而影响正常的车削，甚至会使刀尖或刀刃崩裂。车刀刀尖装得过高或过低均不能正常切削工件。

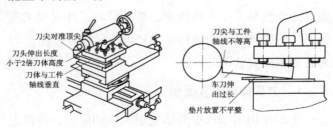

图 2-10　车刀刀尖高度要对中

3. 车刀放置要正确

车刀在刀架上放置的位置要正确。加工外表面的刀具在安装时其中心线应与进给方向垂直，加工内孔的刀具在安装时其中心线应与进给方向平行，否则会使主、副偏角发生变化而影响车削。

4. 要正确选用刀垫

刀垫的作用是垫起车刀使刀尖与工件回转中心高度一致。刀垫选用时要做到以少代多、以厚代薄；其放置要正确。如图 2-9 所示，图(b)中的刀垫放置不应缩回到刀架中去，使车刀悬空，不正确；图(c)中的两块刀垫均使车刀悬空，安装不正确；图(a)安装正确。

5. 安装要牢固

车刀在切削过程中要承受一定的切削力，如果安装不牢固，就会松动移位而发生意外。所以使用压紧螺丝紧固车刀时不得少于两个且要可靠。

各类车刀的具体安装需结合教学实际操作讲解。

2.3 车刀耐用度与切削液

车削过程中，切屑、刀具和工件相互摩擦会产生很高的切削热。在正确使用刀具的基础上合理选用切削液，可以减少切削过程中的摩擦，从而降低切削温度，减小切削力，减少工件的热变形，这对提高加工精度和表面质量，尤其是对提高刀具耐用度起着很重要的作用。

1. 切削液的作用

1) 冷却作用

切削液浇注到切削区域后，通过切削热的热传递和汽化，能吸收和带走切削区大量的热量，从而改善散热条件，使切屑、刀具和工件上的温度降低，尤为重要的是可降低前刀面上的温度。切削液冷却作用的好坏，取决于它的导热系数、比热、汽化热、汽化速度、流量和流速等。一般水溶液的冷却性能最好，油类最差，乳化液介于两者之间而接近于水溶液。

2) 润滑作用

车削加工时，切削液渗透到工件与刀具、切屑的接触表面之间形成边界润滑而起到润滑作用。所谓边界润滑，就是在切削时，刀具前刀面与切屑接触，接触表面间压力较大，温度较高，使部分润滑膜厚度逐渐减小，直到消失，造成金属表面波峰直接接触，而其余部位仍保持着润滑膜，从而减小金属直接接触面积，降低摩擦系数。

切削液的润滑性能，直接与形成润滑膜的牢固程度有关。边界润滑膜具有物理吸附或化学吸附两种结合性质。物理吸附润滑膜主要是靠切削液中的油性添加剂，如动植物油、油酸、胺类、醇类及脂类中极性分子吸附而成。油性添加剂主要应用于低压、低温状态下的边界润滑。在高压、高温边界润滑状态下，即极压润滑状态下，切削液中必须添加极压添加剂形成另外一种性质的润滑膜。常用的极压添加剂中含硫、磷、氯、碘等有机化合物。这些化合物与金属表面起化学反应而生成新的化合物薄膜，如硫化铁、氯化亚铁、氯化铁等润滑膜，使边界润滑层有较好的润滑作用。

3) 清洗作用

浇注切削液能冲走或带走在车削过程中产生的碎、细切屑，从而起到清洗、防止刮伤已加工表面和车床导轨面的作用。

4) 防锈作用

在切削液中加入防锈添加剂，如亚硝酸钠、磷酸三钠和石油磺酸钡等，使金属表面生成保护膜，使机床、工件不受空气、水分和酸等介质的腐蚀，从而起到防锈作用。

2. 常用切削液种类及其选用

常用切削液有水溶液、乳化液和切削油三大类。

1) 水溶液

水溶液是主要成分为水并加入防锈添加剂的切削液，主要起冷却作用。它一般用于精车和铰孔等。

2) 乳化液

乳化液是将乳化油用水稀释而成的液体。而乳化油则是由矿物油、乳化剂及添加剂配成的，常用的有三乙醇胺油酸皂、69-1防锈乳化油和极压乳化油等。使用时，按产品说明配制使用，其中低浓度主要起冷却作用，适用于粗加工；高浓度主要起润滑作用，适用于精加工和复杂工序加工。

3) 切削油

切削油包括机械油、轻柴油、煤油等矿物油，还有豆油、菜籽油、蓖麻油、鲸油等动植物油。普通车削、攻螺纹、铰孔等可选用机油；加工有色金属和铸铁时应选用黏度小、浸润性好的煤油与其他矿物油的混合油；自动机床可选用黏度小、流动性好的轻柴油。

总之，切削液的选用应根据工件材料、刀具材料、加工方法和加工要求来确定，而不是一成不变的。相反，如果选择不当就得不到应有的效果。

2.4 车刀的安装专训

(1) 安装车刀练习。

(2) 安装车刀要达到以下要求：

一是车刀下面的垫片必须放置平整。二是车刀在刀架上伸出的长度要合适。伸出的长度一般不超过刀杆高度的两倍。三是应有合适的副偏角。即车刀上与工件待加工表面相对的刀刃和待加工面应有一个 5°～15° 的角度。

任务三　工件的安装

　　将工件牢固、可靠、准确地安装在车床上靠的是各种各样的夹具。下面我们重点介绍几种常用的车床夹具。

3.1　三爪自动定心卡盘

　　三爪卡盘如图 3-1 所示。当扳手方榫插入小锥齿轮的方孔转动时，与其啮合的大锥齿轮随之转动，大锥齿轮背面是一平面螺纹，三个卡爪背面的端面螺纹与其啮合。因此，当平面螺纹转动时就带动卡爪同时作向心或离心移动，从而把工件夹紧或松开。由此可见，三爪卡盘的三个爪是联动的且自动定心。

大锥齿轮
(背面有平面螺纹)　　　　　　　　反爪

小锥齿轮　　　　　　卡爪

图 3-1　三爪卡盘

　　三爪自动定心卡盘属于车床通用夹具，适合装夹中、小型比较规则的零件，如圆柱形、正三棱柱、正六棱柱等工件，而不能装夹形状不规则的工件。装夹时，当工件直径较小时，将工件置于三个卡爪之间装夹，可伸入卡爪孔和主轴孔内，此方法称为夹紧方式，如图 3-2(a)所示。亦可将三爪伸入工件内孔中，利用卡爪的径向张力装夹套、盘、环状零件，此方法称为撑紧法，如图 3-2(b)所示。无论夹紧或撑紧，当工件直径较大而不便装夹时，可将三个正爪换成反爪进行装夹，如图 3-2(c)所示。当工件长度较长时，应在工件端面钻中心孔用尾座顶尖支撑。此方法俗称"一夹一顶"的方式，如图 3-2(d)所示。

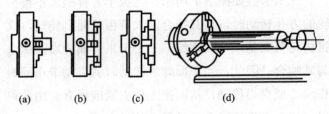

(a)   (b)   (c)   (d)

图 3-2　三爪卡盘装夹示意图

注意事项如下：

(1) 正爪夹持工件直径不宜过大，卡爪伸出盘体不能超过卡爪长度的三分之一，否则受力时容易使卡爪上的螺纹断裂，发生事故。

(2) 装夹大直径工件或较大的带孔工件车外圆时，尽可能用反爪装夹，撑住工件内孔来车削。

(3) 装夹精加工过的工件，被夹表面应包铜皮保护，以免夹伤。

3.2 四爪卡盘

四爪卡盘的外形结构如图 3-3(a)所示，它有四个对称分布的卡爪，每个卡爪均可独立移动。卡爪背面有一半圆柱内螺纹同丝杠结合，丝杠向外一端有一方孔用来安插扳手方榫用以转动丝杠带动跟它啮合的卡爪移动。可根据工件的大小、形状调节各卡爪的位置。工件的旋转中心通过分别调整四个卡爪来确定。

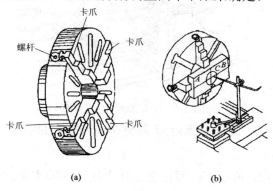

(a)　　　　　　　(b)

图 3-3　四爪卡盘

四爪卡盘适用于装夹截面为矩形、正方形、椭圆形或其他不规则形状的工件。并可装夹加工出偏心轴和偏心孔。由于四爪卡盘的卡爪是单动的，因此夹紧力比三爪卡盘大。它也可用来装夹尺寸较大和表面很粗糙的工件。

使用四爪卡盘装夹工件时，关键的问题是将工件加工部分的旋转轴线找正到与车床主轴的回转轴线相一致。一般在四爪卡盘上装夹的工件需预先划线并结合划针或百分表等器具进行，如图 3-3(b)所示。

3.3　中心架、顶尖、拨盘、鸡心夹

图 3-4 为中心架装夹示意图。

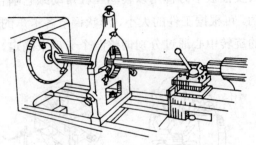

图 3-4　中心架装夹示意图

（1）拨盘：靠近床头装在主轴上，随主轴一同旋转。

（2）鸡心夹：固定在工件上使工件随主轴旋转。是主轴旋转带动长轴类工件一同旋转的联接附件。

（3）中心架：固定在床身导轨上用以支持长轴类工件的车削。有三个软金属爪。

（4）顶尖：装夹在主轴锥孔和尾座套筒内的附件。前者称死顶尖，后者是活顶尖。均起支撑工件和定位的作用。图 3-5 所示为活顶尖示意图。其旋转传递关系为

主轴→拨盘→鸡心夹→工件旋转

此种装夹工件的方法称为两顶尖(针)装夹，工件两端面必须要有中心孔。

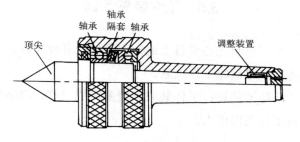

图 3-5 活顶尖示意图

3.4 跟 刀 架

跟刀架的作用，是通过跟随车刀位移来抵消径向切削抗力，从而提高细长轴的形状精度和减小表面粗糙度。跟刀架上一般有两至三个卡爪，使用时固定在床鞍上随床鞍一起移动。跟刀架示意图如图 3-6 所示。

图 3-6 跟刀架示意图

除此之外，跟刀架上还有花盘等其他的夹具，这些夹具一般情况下不常使用，故这里不作介绍。

3.5 工件装夹专训

在三爪自定心卡盘上进行夹紧、松开较短棒料工件练习，最后将工件夹紧。

要特别注意：工件装夹一定要牢固可靠，以防松动使工件飞出伤人。

任务四　了解切削用量

前面我们学习了车削加工的硬件条件，下面我们来学习车削加工中的软件条件——切削用量。

4.1　机械加工中的切削运动

无论在哪种机床上进行切削加工，刀具与工件之间都必须有适当的相对运动，即切削运动。根据在切削过程中所起的作用不同，切削运动又分为主运动和进给运动。

(1) 主运动：是提供切削可能性的运动。也就是说，没有这个运动，就无法切下金属。它的特点是在切削过程中速度最高、消耗机床动力最大。例如，在车削时工件的旋转，钻削时钻头的旋转，铣削时铣刀的旋转，磨削时砂轮的旋转，均为主运动。

(2) 进给运动：是提供继续切削可能性的运动。也就是说，没有这个运动，当主运动进行一个循环后新的材料层不能投入切削，从而使切削无法继续进行。

切削加工中，主运动一般只有一个，进给运动则可能有一个或几个。

切削用量是表示主运动及进给运动大小的参数。它包括切削速度、进给量和背吃刀量三要素。合理选择切削用量可提高加工质量和生产效率，起到事半功倍的作用。切削用量的选择与整个工艺系统密不可分，与众多的切削因素有关，因而要根据实际情况和场合灵活选择。

4.2　切削用量的三个要素

1．切削速度 v

切削速度是指车削时刀具切削刃上的某一点相对工件主运动的瞬时速度。也可理解为经车刀前刀面在单位时间内所流出的切屑的理论展开长度，单位为 m/min。其计算公式如下：

$$v = \frac{\pi\, dn}{1000} \quad \text{(m/min)}$$

其中：v ——切削速度，单位为 m/min；

$\quad\quad d$ ——工件待加工表面直径，单位为 mm；

$\quad\quad n$ ——主轴(工件)转速，单位为 r/min。

2．进给量 f

进给量是衡量进给运动大小的参数。

(1) 每转进给量：工件旋转一周刀具沿进给运动方向所移动的距离，单位为 mm/r。在车床加工中的进给量通常指每转进给量。

(2) 每分钟进给量：刀具一分钟沿进给运动方向所移动的距离，单位为 m/min。可通过每转进给量换算而得。

(3) 每齿进给量：是对多刀刃的铣削加工而言的进给量。

3. 背吃刀量 a_p

背吃刀量也称吃刀深度，指工件已加工表面与待加工表面之间的垂直距离，单位是 mm，如图 4-1 所示。车外圆时可用下面的公式计算背吃刀量：

$$a_p = \frac{d_w - d_m}{2} \quad (mm)$$

其中： a_p ——背吃刀量，单位为 mm；

d_w ——工件待加工表面的直径，单位为 mm；

d_m ——工件已加工表面的直径，单位为 mm。

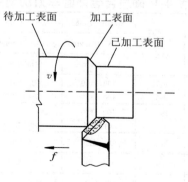

图 4-1 加工表面

4.3 切削用量的选择

一般情况下，影响切削最大的因素是切削热。切削速度增大，切削热增加，切削温度会明显升高；进给量增大，切屑变形和卷曲也发生变化，切削温度会小幅升高；背吃刀量增大，切削层宽度增加，散热面积增加，对切削温度的影响甚微。

不难看出，在切削用量三要素中，切削速度对切削温度影响最大，进给量次之，背吃刀量最小。因此，为保证刀具的使用寿命，应首先考虑选择大的背吃刀量，再考虑选择大的进给量，最后考虑选择适当的切削速度。

硬质合金外圆车刀切削用量的选择可参考表 4-1。

表 4-1 硬质合金外圆车刀切削用量

工件材料	热处理状态	a_p=0.3～2 mm f=0.08～0.3 mm/r v/(m/min)	a_p=2～6 mm f=0.3～0.6 mm/r v/(m/min)	a_p=6～10 mm f=0.6～1 mm/r v/(m/min)
中碳钢	热轧	130～160	90～110	60～80
	调制	100～130	70～90	50～70
合金结构钢	热轧	100～130	70～90	50～70
	调制	80～110	50～70	40～60
工具钢	退火	90～120	60～80	50～70
铜及铜合金	—	200～250	120～180	90～120
铝及铝合金	—	300～600	120～400	150～300
铸铝合金 (7%～13%Si)		100～180	80～150	60～100

4.4 切削用量的选择专训

根据表 4-1 选用不同的切削用量来练习车削外圆，观察表面粗糙度的变化情况。

所用刀具：硬质合金外圆车刀。

所用材料：45# 圆钢棒料。

任务五　车削基本工作

5.1　端面、外圆、台阶的车削

1. 粗车和精车

车削工件，一般分为粗车和精车。

(1) 粗车：在车床动力条件许可时，通常采用切削深度和进给量大，转速不宜过快，以合理时间尽快把工件余量车掉。因为粗车对切削表面没有严格要求，只需要留有一定的精车余量即可。由于粗车切削力较大，工件装夹必须牢靠。粗车的另一个作用是可以及时发现毛坯材料内部的缺陷，如夹渣、沙眼、裂纹等，也能消除毛坯工件内部残存的应力和防止热变形等。

(2) 精车：精车是指车削的末道加工。为了使工件获得准确的尺寸和规定的表面粗糙度，操作者在精车时，通常把车刀修磨得锋利些，车床转速选得高一些，进给量选得小一些。

2. 用手动进给车端面、车外圆和倒角

1) 车端面的方法

开动车床使工件旋转，移动小滑板或床鞍控制吃刀量，然后锁紧床鞍，摇动中滑板丝杠进给，由工件外向中心车削或由工件中心向外车削(见图 5-1)。

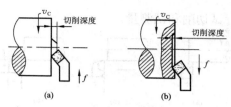

图 5-1 横向移动车端面

(a) 由工件外向中心车削；(b) 由工件中心向外车削

2) 车外圆的方法

(1) 移动床鞍至工件右端，用中滑板控制吃刀量，摇动小滑板丝杠或床鞍作纵向移动车外圆(见图 5-2)。一次进给车削完毕，横向退出车刀，再纵向移动刀架滑板或床鞍至工件右端进行第二、第三次进给车削，直至符合图样要求为止。

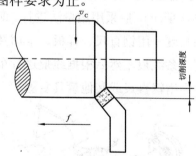

图 5-2 纵向移动车外圆

(2) 在车外圆时，通常要进行试切削和试测量。其具体方法是根据工件直径余量的 1/2 作横向进刀，当车刀在纵向外圆上移动至 2 mm 左右时，纵向快速退出车刀(横向不动)，然后停车测量，如图 5-3 所示，如尺寸已符合要求，就可切削。否则可以按上述方法继续进行试切削和试测量。

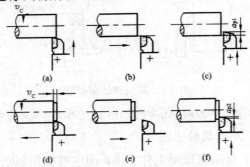

图 5-3 试切削的方法与步骤

(a) 开车对刀；(b) 向右退出车刀；(c) 横向进刀 α_{p1}；

(d) 切削 1~2 mm；(e) 退刀测量；(f) 未到尺寸，再进刀 α_{p2}

(3) 为了确保外圆的车削长度，通常先采用刻线痕法(如图 5-4 所示)，后采用边量法进行。即在车削前根据需要的长度，用钢直尺、样板、卡钳及刀尖在工件表面上刻一条线痕，然后根据线痕进行车削。当车削完毕时，再用钢直尺或其他量具复测。

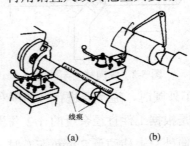

图 5-4 刻线痕确定车削长度

(a) 用钢直尺和样板刻线痕；(b) 用内卡钳在工件上刻线痕

3. 车外圆时的注意事项

(1) 粗车时选择切削用量，应把吃刀深度放在第一位，其次是走刀量，最后是切削速度。而精车时如果使用硬质合金车刀，应把切削速度尽可能提高，吃刀深度和走刀量因受工件尺寸、精度和光洁度的限制，一般取得小些。特别是在光洁度要求较高时，走刀量应取得更小些。

(2) 粗车前，必须检查车床各部分的间隙，并进行适当的调整，以充分发挥车床的有效负荷能力。大、中、小拖板的塞铁，也须进行检查、调整，以防产生松动。此外，摩擦离合器及皮带的松紧也要适当调整，以免在车削中发生"闷车"(由于负荷过大而使主轴停止转动)现象。

(3) 粗车时，工件必须装夹牢靠(一般应有限位支撑)，顶尖要顶紧。在切削过程中应随时检查，以防止工件"走动"。

(4) 车削时，必须看清图纸，及时测量工件尺寸，保证加工质量。车削时，必须及时清除切屑，不使堆积过多，以免发生工伤事故。清除切屑时，必须停车进行。

(5) 车削中发现车刀磨损时，应及时刃磨，否则刃口磨钝，切削力剧烈增加，会造成"闷车"和损坏车刀等严重后果。

4．台阶的车削方法

车削台阶时需要兼顾外圆的尺寸精度和台阶长度的要求。台阶根据相邻两圆柱体直径差值的大小，可分为低台阶和高台阶两种。

(1) 低台阶的车削：相邻两圆柱体直径差值较小的低台阶可以用一次走刀车出。但由于台阶面应跟工件中心线垂直，所以必须用 90°偏刀车削。装刀时要使主切削刃跟工件轴心线垂直。

(2) 高台阶的车削：相邻两圆柱体直径差值较大的高台阶宜用分层切削。粗车时可先用主偏角小于90°的车刀进行车削，再把偏刀的主偏角装成 93°～95°，用几次走刀来完成。在最后一次走刀时，车刀在纵走刀完后用手摇动中拖板手柄，把车刀慢慢地均匀退出。把台阶面车一刀，使台阶跟外圆垂直。

5.2 车 槽 与 切 断

1．沟槽的种类和作用

在工件上车各种形状的槽子叫车沟槽。外圆和平面上的沟槽叫外沟槽，内孔的沟槽叫内沟槽。常用的外沟槽有矩形沟槽、圆弧形沟槽、梯形沟槽等，如图5-5 所示。矩形沟槽的作用通常是使所装配的零件有正确的轴向位置，在磨削、车螺纹等加工过程中便于退刀。

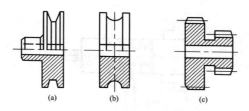

图 5-5　常见的外沟槽

(a) 梯形槽；(b) 圆弧形槽；(c) 矩形槽

2. 切断刀和车槽刀装夹

车槽刀装夹是否正确,对车槽的质量有直接影响。如矩形车槽刀的装夹,要求垂直于工件轴心线,否则车出的槽壁不会平直。切断刀的装夹在切断实心工件时,切断刀的主刀刃必须严格对准工件旋转中心,刀头中心线与轴心线垂直。另外,为了增强切断刀的刚度,刀杆不宜伸出过长,以防振动。

3. 车槽的方法

(1) 车精度不高的和宽度较窄的矩形沟槽,可以用刀宽等于槽宽的车槽刀,采用直进法一次进给车出。精度要求较高的沟槽,一般采用二次进给车成。即第一次进给车沟槽时,槽壁两侧留精车余量,第二次进给时用等宽刀修整。

(2) 车较宽的沟槽,可以采用多次直进法切削,如图 5-6 所示,并在槽壁两侧留一定的精车余量,然后根据槽深、槽宽精车至合适的尺寸。

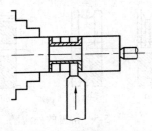

图 5-6　车宽外沟槽的方法

(3) 车较小的圆弧形槽，一般用成形刀车削。较大的圆弧形槽可以用双手联动车削，用样板检查修整。

(4) 车较小的梯形槽，一般以成形刀车削完成。较大的梯形槽通常先车直槽，后用梯形刀直进法或左右切削法完成，如图 5-7 所示。

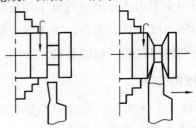

图 5-7　车宽梯形槽的方法

4．切断的方法

(1) 用直进法切断工件。所谓直进法，是指垂直于工件轴线方向进给切断，如图 5-8(a)所示。这种方法切断效率高，但对于车床、切断刀的刃磨、装夹都有较高的要求，否则容易造成刀头折断。

(2) 左右借刀法切断工件。在切削系统(刀具、工件、车床)刚性等不足的情况下，可采用左右借刀法切断工件。这种方法是指切断刀在轴线方向反复地往返移动，随之两侧径向进给，直至工件切断，如图 5-8(b)所示。

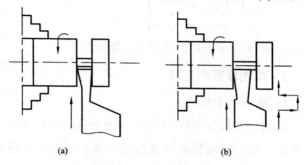

(a)   (b)

图 5-8 切断工件的二种方法

(a) 直进法；(b) 左右借刀法

5.3 圆锥面的车削

1. 圆锥各部分名称、代号及计算公式

圆锥面的主要尺寸如图 5-9 所示，其中，K 为锥度，α 为圆锥角($\alpha/2$ 为圆锥半角，亦称斜角)，D 为大端直径，d 为小端直径，L 为圆锥的轴向长度。它们之间的关系为

$$K = \frac{D-d}{L} = 2\ \tan\frac{\alpha}{2}$$

当 $\alpha/2 < 6°$ 时，$\alpha/2$ 可用下列近似公式进行计算：

$$\frac{\alpha}{2} \approx 28.7° \times \frac{D-d}{L}$$

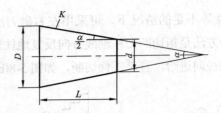

图 5-9 圆锥面的主要尺寸

2. 车圆锥面的方法

1) 转动小滑板法

转动小滑板法车锥面如图 5-10 所示。根据零件的锥角 α，将小滑板转 $\alpha/2$ 角度后锁紧，当用手缓慢而均匀地转动小滑板手柄时，刀尖则沿着锥面的母线移动，从而加工出所需要的锥面。这种方法不但操作简单，能保证一定的加工精度，而且还能车内锥面和锥角很大的锥面，因此应用较广。但由于受小滑板行程的限制，并且不能自动走刀，劳动强度较大，表面粗糙度值为 $6.3\sim3.2\ \mu m$，因此只适宜加工单件小批生产中精度较低和长度较短的圆锥面。

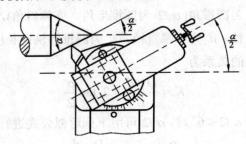

图 5-10 转动小滑板车圆锥面

车常用锥度和标准锥度时小滑板转动角度如表 5-1 所示。

表 5-1　车常用锥度和标准锥度时小滑板转动角度

名　称		锥　度	小滑板转动角度
莫氏	0	1：19.212	1°29′27″
	1	1：20.047	1°25′43″
	2	1：20.020	1°25′50″
	3	1：19.922	1°26′16″
	4	1：19.254	1°29′15″
	5	1：19.002	1°30′26″
	6	1：19.180	1°29′36″
标准锥度	30°	1：1.866	15°
	45°	1：1.207	22°30′
	60°	1：0.866	30°
	75°	1：0.652	37°30′
	90°	1：0.5	45°
	120°	1：0.289	60°
标准锥度	0°17′11″	1：200	0°08′36″
	0°34′23″	1：100	0°17′11″
	1°8′45″	1：50	0°34′23″
	1°54′35″	1：30	0°57′17″
	2°51′51″	1：20	1°25′56″
	3°49′6″	1：15	1°54′33″
	4°46′19″	1：12	2°23′09″
	5°43′29″	1：10	2°51′45″
	7°9′10″	1：8	3°34′35″
	8°10′16″	1：7	4°05′08″
	11°25′16″	1：5	5°42′38″
	18°55′29″	1：3	9°27′44″
	16°35′32″	7：24	8°17′46″

2) 尾座偏移法

尾座偏移法车锥面如图 5-11 所示，工件安装在前后顶尖之间。将尾座体相对底座在横向向前或向后偏移一定距离 S，使工件回转轴线与车床主轴轴线的夹角等于圆锥半角 $\alpha/2$，当刀架自动(亦可手动)进给时即可车出所需的锥面。

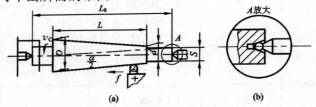

图 5-11　尾座偏移法车锥面

若工件总长为 L_0 时，尾座偏移量 S 的计算公式如下：

$$S = \frac{D-d}{2L} \cdot L_0 \cdot \tan\frac{\alpha}{2} = L_0 \cdot \frac{K}{2}$$

尾座偏移法只适用于在双顶尖上加工较长轴类工件的外锥面，且圆锥斜角 $\alpha/2 < 8°$，最好采用球顶尖，以保证顶尖与中心孔有良好的接触状态。由于能自动走刀进给，表面粗糙度 R_a 值可达 6.3～1.6 μm，多用于单件和成批生产。

3) 靠模法

靠模法车锥面如图 5-12 所示。靠模装置固定在床身后面。靠模板可绕中心轴相对底座扳转一定角度（$\alpha/2$），滑块在靠模板导轨上可自由滑动，并通过连接板与中滑板相连。将刀架中滑板螺母与横向丝杠脱开，当大拖板自动(亦可手动)纵向进给时即可车出圆锥半角为 $\alpha/2$ 的锥面，表面粗糙度 R_a 值可达 6.3～1.6 μm。加工时，小滑板板转 90°，以便调整车刀的横向位置和背吃刀量。靠模法适宜加工成批和大量生产中长度较长、圆锥半角 $\alpha/2 < 12°$ 的内外锥面。

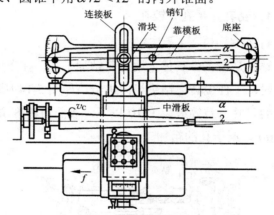

图 5-12　靠模法车锥面

4) 宽刀车削法

宽刀车削法如图 5-13 所示。刀刃必须平直，与工件轴线夹角应等于圆锥半角 $\alpha/2$，工件和车刀的刚度要好，否则容易引起振动。表面粗糙度值取决于车刀刀刃的刃磨质量和加工时的振动情况。宽刀法只适宜加工较短的锥面。

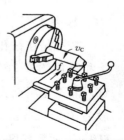

图 5-13　宽刀法车锥面

5.4 钻孔和车孔

在车床上可用车孔刀、麻花钻、扩孔钻和铰刀进行车孔、钻孔、扩孔和铰孔等孔加工工作。

1. 钻孔、扩孔、铰孔

1) 钻孔

钻孔是在工件实体上用麻花钻加工孔。在车床上钻孔时，工件旋转，钻头纵向进给，如图 5-14 所示。钻孔的尺寸公差等级为 IT10 以下，表面粗糙度 R_a 为 12.5 μm，属于孔的粗加工。

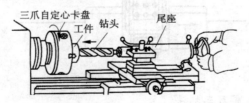

图 5-14　在车床上钻孔

2) 扩孔

扩孔是在钻孔基础上对孔的进一步加工。在车床上扩孔的方法与车床钻孔相似，所不同的是用扩孔钻，而不是用钻头。扩孔的余量与孔径大小有关，一般为 0.5～2 mm。扩孔的尺寸公差等级可达 IT10～IT9，表面粗糙度 R_a 可达 6.3～3.2 μm，属于孔的半精加工。

3) 铰孔

铰孔是用铰刀作扩孔后或半精车孔后的精加工，其方法与车床上钻孔相似。铰孔的余量为 0.1～0.2 mm，尺寸公差等级一般为 IT8～IT7，表面粗糙度 R_a 可达 1.6～0.8 μm。在车床上加工直径较小而精度和表面粗糙度要求较高的孔，通常采用钻—扩—铰联用的方法。

在车床上钻孔、扩孔或绞孔时，将刀具锥柄装入尾座套筒内。如果刀具为柱柄，则装在钻夹头中，钻夹头再装入尾座套筒内。加工时，要将尾座固定在床面的合适位置上，用手摇尾座套筒进给。钻孔前必须先车平端面。为了防止钻头偏斜，可先用中心钻钻一中心，以引导钻头。钻中心孔时，应加切削液。

2. 车孔

车孔旧称镗孔，是对铸出、锻出或钻出的孔的进一步加工，如图 5-15 所示。车孔可以较好地纠正原孔轴线的偏斜，可进行粗加工、半精加工和精加工。

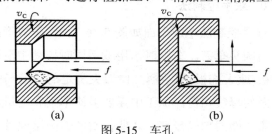

图 5-15 车孔
(a) 车通孔；(b) 车不通孔

车通孔使用主偏角小于 90°的车孔刀;车不通孔或台阶孔时,车孔刀的主偏角应大于 90°。当车孔刀纵向进给至孔深时,需要横向进给加工内端面,以保证内端面与孔轴线垂直。不通孔及台阶孔的孔深尺寸粗加工时可在刀杆上做记号进行控制;精加工时需用游标卡尺上的深度尺测量。

由于车孔刀刚度差,容易产生变形与振动,车孔时常采用较小的进给量和背吃刀量进行多次走刀,因此生产率较低。但车孔刀制造简单,通用性强,可加工大直径孔和非标准孔,因此车孔多应用于单件小批量生产中。

5.5 车回转成形面

回转成形面是由一条曲线(母线)绕一固定轴线回转而成的表面,如手柄和圆球等。车回转成形面的方法有双手控制法、靠模法和样板刀法等。

1. 双手控制法

双手控制法车成形面如图 5-16 所示。车成形面一般使用圆头车刀。车削时,用双手同时摇动中滑板和小滑板(或大拖板)的手柄,使刀尖所走的轨迹与回转成形面的母线相符。加工中需要多次车削和度量,最后尚需用挫刀加以修整,才能得到所需的精度及表面粗糙度。成形面的形状一般用样板检验,如图 5-17 所示，这种方法操作技术要求较高，但由于不需要特殊的设备，生产中仍被普遍采用，多用于单件小批量生产中。

图 5-16　双手控制法车成形面

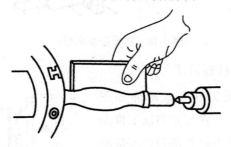

图 5-17　用样板度量成形表面

2．靠模法

靠模法车成形面如图 5-18 所示。它与靠模法车锥面类似，所不同的是靠模槽的形状不是斜槽，而是与成形面母线相符的曲线槽，并将滑块换成滚柱，此时刀架中滑板螺母与横向丝杠也必须脱开。当大拖板纵向走刀时，滚柱在靠模的曲线槽内移动，从而使车刀刀尖也随之作曲线移动，即可车出所需的成形面。用这种方法加工成形面，操作简单，生产率较高，因此多用于成批生产。

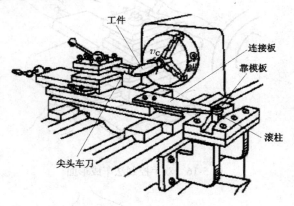

图 5-18　靠模法车成形面

3. 样板刀法

样板刀法车成形面如图 5-19 所示。它与宽刀法车锥面类似，所不同的是刀刃不是斜线而是曲线，与零件的表面轮廓形状相一致。由于样板刀的刀刃不能太宽，刃磨出的曲线

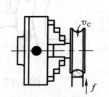

图 5-19　样板刀法车成形面

形状也不是十分准确，因此常用于加工形状比较简单、要求不太高的成形面。

5.6 车 螺 纹

螺纹的应用很广泛,如车床的主轴与卡盘的连接,方刀架上螺钉对刀具的紧固,丝杠与螺母的传动等。螺纹的种类很多,按制别分有公制螺纹、英制螺纹;按牙型分有三角螺纹、梯形螺纹、方牙螺纹等(见图5-20)。其中普通公制三角螺纹应用最广。

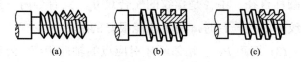

图 5-20 螺纹的种类

(a) 三角螺纹;(b) 方牙螺纹;(c) 梯形螺纹

1. 普通螺纹三要素

普通公制三角螺纹简称普通螺纹。其基本牙型如图 5-21 所示。决定螺纹形状尺寸的牙型、中径 $d_2(D_2)$ 和螺距 P 三个基本要素,称为螺纹三要素。图中,D、d 为内、外螺纹大径(公称直径);D_1、d_1 为内、外螺纹小径;D_2、d_2 为内、外螺纹中径。

(1) 螺纹牙型:是指在通过螺纹轴线的剖面上螺纹的轮廓形状。牙型角 α 应对称于轴线的垂线,即两个牙型半角 $\alpha/2$ 必须相等。公制三角螺纹牙型角 $\alpha = 60°$;英制三角螺纹 $\alpha = 55°$。

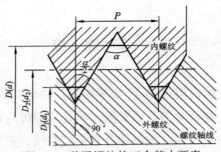

图 5-21　普通螺纹的三个基本要素

（2）螺纹中径 $d_2(D_2)$：是螺纹的牙厚与牙间相等处的圆柱直径。中径是螺纹的配合尺寸，只有当内、外螺纹的中径一致时，两者才能很好的配合。

（3）螺距 P：是相邻两牙对应点的轴向距离。公制螺纹的螺距以毫米为单位；英制螺纹的螺距以每英寸牙数来表示。

车削螺纹时，必须使上述三个要素都符合要求，螺纹才是合格的。

2．车削螺纹

各种螺纹车削的基本规律大致相同。现以车削普通螺纹为例加以说明。

（1）保证牙型。为了获得正确的牙型，需要正确刃磨车刀和安装车刀。

① 正确刃磨车刀包括两方面的内容：一是使车刀切削部分的形状与螺纹沟槽截面形状相吻合，即车刀的刀尖角等于牙型角 α；二是使车刀背前角 $\gamma_p = 0$。粗车螺纹时，为了改善切削条件，可用带正前角的车

刀，但精车时一定要使用背前角 $\gamma_p = 0$ 的车刀。

② 正确安装车刀也包括两方面的内容：一是车刀刀尖必须与工件回转中心等高；二是车刀刀尖角的平分线必须垂直于工件轴线，为了保证这一要求，安装车刀时常用对刀样板对刀。普通螺纹车刀的形状及对刀方法如图 5-22 所示。

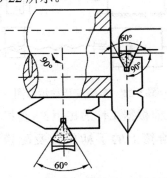

图 5-22　螺纹车刀的形状及对刀方法

(2) 保证螺距。为了获得所需要的工件螺距 $P_{\text{工}}$，必须正确调整车床和配换齿轮，并在车削过程中避免乱扣。

① 调整车床和配换齿轮的目的是保证工件与车刀的正确运动关系。如图 5-23 所示，工件由主轴带动，车刀由丝杠带动。主轴与丝杠是通过换向机构"三星轮" z_1、z_2、z_3(或其他换向机构)、配换齿轮 a、b、c 和进给箱连接起来的。三星轮可改变丝杠旋转方向，通过调整它可车削右旋螺纹或左旋螺纹。在这一传动系统中，必须保证主轴带动工件转一转时，丝杠要转

$P_工/P_丝$转。车刀纵向移动的距离等于丝杠转过的转数乘以丝杠螺距 $P_丝$，即 $S=(P_工/P_丝) \cdot P_丝=P_工$，正好是所需要的工件螺距。

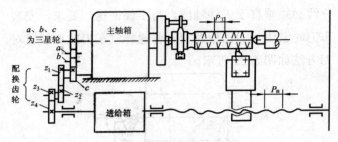

图 5-23　车螺纹传动示意图

一般加工前**根据工件**的螺距 $P_工$ 查机床上的标牌，然后调整进给箱上的**手柄位置及配换齿轮的齿数**即可。

② **螺纹需经过多次走刀才能切成**。在多次走刀中，必须保证车刀总是落在第一次切出的螺纹槽内，否则就叫"乱扣"。如果乱扣，工件即成废品。若 $P_工/P_丝$ 为整数，在车削过程中可任意打开对开螺母，当再合上对开螺母时，车刀仍会落入原来已切出的螺纹槽内，不会乱扣；若 $P_工/P_丝$ 不为整数，则会产生"乱扣"，此时一旦合上对开螺母，就不能再打开对开螺母，纵向退刀须开反车退回。

车螺纹的过程中，为了避免乱扣现象，还应注意调整中、小滑板的间隙，不要过紧或过松，以移动均匀、平稳为好。如从双顶尖上取下工件度量，不能松开卡箍，在重新安装工件时要使卡箍与拨盘(或卡盘)的相对位置保持与原来一致。在切削过程中，若需换刀，则应重新对刀。对刀是指在闭合对开螺母的前提下，移动小滑板，使车刀落入已切出的螺纹槽内，因传动系统有间隙，对刀须在车刀沿走刀方向走一段距离，待平稳停车后再进行。

(3) 保证中径。螺纹中径 $d_2(D_2)$ 的大小是靠控制切削过程中多次进刀的总背吃刀量来实现的。进刀的总背吃刀量可根据计算的螺纹工作牙高由横向刻度盘大致控制，最后用螺纹量规测量来保证。螺纹量规如图 5-24 所示，测量外螺纹用螺纹环规，测量内螺纹用螺纹塞规。

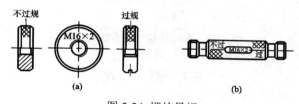

图 5-24 螺纹量规

(a) 螺纹环规；(b) 螺纹塞规

根据螺纹中径公差，每种量规有过规和止规(塞规做在一根轴上，有过端和止端)。如果过规能旋入，而止规不能旋入，则说明所加工的螺纹合格。

(4) 车削螺纹的方法和步骤。图 5-25 为车削外螺纹的方法和步骤。车削内螺纹的方法和步骤与车削外螺纹类似。只是先车出内螺纹的小径 D_1，再车螺纹。

对于公称直径较小的内螺纹，亦可在车床上用丝锥攻出。

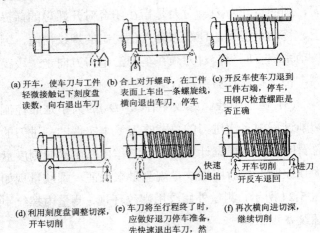

(a) 开车，使车刀与工件轻微接触记下刻度盘读数，向右退出车刀

(b) 合上对开螺母，在工件表面上车出一条螺旋线，横向退出车刀，停车

(c) 开反车使车刀退到工件右端，停车，用钢尺检查螺距是否正确

(d) 利用刻度盘调整切深，开车切削

(e) 车刀将至行程终了时，应做好退刀停车准备，先快速退出车刀，然后停车，开反车退回刀架

(f) 再次横向进切深，继续切削

图 5-25　车削外螺纹的方法与步骤

5.7　滚　花

各种工具和机器零件的手握部分，为便于握持和增加美观，常常在表面上滚出各种不同的花纹，如千分尺套管、丝杠扳手以及螺纹量规等。这些花纹一般是在车床上用滚花刀滚压而成的，如图 5-26 所示。

花纹有直纹和网纹两种，滚花刀也分直纹滚花刀(见图 5-27(a))和网纹滚花刀(见图 5-27(b)、(c))。滚花属于挤压加工，其径向挤压力很大，因此加工时工件的转速要低些，还要供给充足的切削液，以免压坏滚花刀并防止细屑堵塞滚花刀纹路而产生乱纹。

图 5-26　滚花

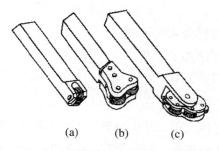

(a)　　　　(b)　　　　(c)

图 5-27　滚花刀

5.8　车削加工专训

(1) 车削加工专训的毛坯和零件如图 5-28 所示。

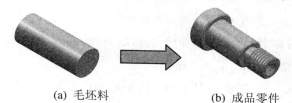

(a) 毛坯料　　　　　　(b) 成品零件

图 5-28　车削加工专训的毛坯和零件

(2) 零件图如图 5-29 所示。

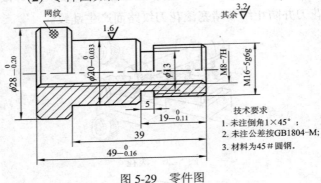

图 5-29　零件图

(3) 材料为 45# 圆钢。

(4) 车削加工工艺。

① 锯床下料，45# 圆钢，$\phi30×300$，卷尺或钢板尺。

② 车床上用三爪卡盘装夹伸出长度 L=80 mm。

③ 车平端面，45° 车刀，n=800 r/min，f=0.15～0.25 mm/r，a_p≤2 mm。

④ 车 $\phi28$ 外圆，L=60 mm，90° 车刀，0～150 mm 游标卡尺，25～50 外径千分尺，n=800 r/min，f=0.15～0.25 mm/r，a_p≤2 mm。

⑤ 车 $\phi20$ 外圆，L=39 mm，90° 车刀，0～150 mm 游标卡尺，0～25 外径千分尺，n=800 r/min，f=0.15～0.25 mm/r，a_p≤2 mm。

⑥ 车 $\phi16$ 外圆，L=19 mm，90° 车刀，0～150 mm 游标卡尺，0～25 外径千分尺，n=800 r/min，f=0.15～

0.25 mm/r，$a_p \leqslant 2$ mm。

⑦ 车成宽 5，直径为 13 的槽，切槽刀，0～150 mm 游表卡尺，$n=560$ r/min，手动进给。

⑧ 钻中心孔 A2.5/5.3 A2.5 中心钻，$\phi 1$～$\phi 16$ 钻夹头，$n=1120$ r/min。

⑨ 钻 $\phi 6.8$ 待制螺纹孔，深度≥52，$\phi 6.8$～$\phi 7$ 钻头，$\phi 1$～$\phi 16$ 钻夹头，$n=560$ r/min，乳状液冷却。

⑩ 倒内外角，45°车刀，大号中心钻。

⑪ 车 M16-5g6g 螺纹，YT15 的 60°，螺纹车刀，60°螺纹样板，0～25 mm 螺纹千分尺，$n=560$ r/min，$P=2$ mm，分 5～8 次进给车成中径。

⑫ 攻 M8-7H 内螺纹深度≥30，M8 丝锥，铰手，$n=25$ r/min。

⑬ 切断工件 $L=0.50$～50 mm，切槽刀，0～150 mm 游标卡尺，$n=360$～560 r/min，手动进给。

⑭ 掉头夹持另一端 $\phi 20$ 外圆。

⑮ 车端面保证总长 $L=49$ mm，0～150 mm 游标卡尺，$n=800$ r/min。

⑯ 倒内外角，45°车刀，大号中心钻。

⑰ 打学号印记，四号字头，锤子。

⑱ 检测。

任务六　常用量具的使用和保养

在车削加工中我们要经常检测工件是否达到图纸的要求，所使用的这些检测工具称为量具。机械加工中所用的量具种类很多，下面仅介绍几种常用量具。

6.1　游标卡尺

游标卡尺是一种比较精密的量具，可以直接测量工件的内径、外径、宽度和深度等，如图 6-1 所示。按照读数的准确程度，游标卡尺可分为 1/10、1/20 和 1/50 三种。它们的读数准确程度分别是 0.1 mm、0.05 mm 和 0.02 mm。游标卡尺的测量范围有 0～125 mm，0～200 mm 和 0～300 mm 等数种规格。图 6-1 是 1/50 的游标卡尺，说明它的刻线原理和读数方法。

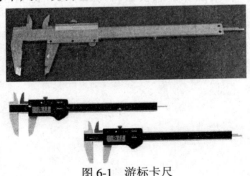

图 6-1　游标卡尺

1．刻线原理

如图 6-2(a)所示，当主尺和副尺(游标)的卡脚贴合时，在主、副尺上刻一上下对准的零线，主尺按每小格为 1 mm 刻线，在副尺与主尺相对应的 49 mm 长度上等分 50 小格，则

副尺每小格长度 = 49 mm/50 格 = 0.98 mm/格

主、副尺每小格之差：1 mm−0.98 mm = 0.02 mm

0.02 mm 就是该游标卡尺的读数精度。

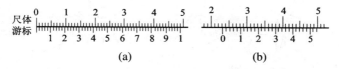

(a)　　　　　　　　　(b)

图 6-2　1/50 游标卡尺的刻线原理和读数方法

2．读数方法

如图 6-2(b)所示，游标卡尺的读数方法可分为三步。

① 根据副尺零线以左的主尺上的最近刻度读出整数；

② 根据副尺零线以右与主尺某一刻线对准的刻度线乘以 0.02 读出小数；

③ 将以上的整数和小数两部分尺寸相加即为总尺寸。如图 6-2(b)中的读数为：23 mm + 12 × 0.02 mm = 23.24 mm。

3. 使用方法

游标卡尺的使用方法如图 6-3 所示。其中，图(a) 为测量工件外径的方法；图(b)为测量工件内径的方法；图(c)为测量工件宽度的方法；图(d)为测量工件深度的方法。用游标卡尺测量工件时，应使卡脚逐渐与工件表面靠近，最后达到轻微接触。还要注意，游标卡尺必须放正，切忌歪斜，以免测量不准。

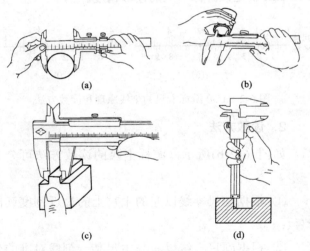

图 6-3 游标卡尺的测量方法

(a) 测量外径；(b) 测量内径；(c) 测量宽度；(d) 测量深度

图 6-4 是专用于测量深度和高度的深度游标尺和高度游标尺。高度游标尺除用于测量工件的高度以外，还用于钳工精密划线。

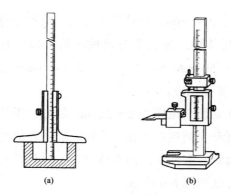

图 6-4　深度、高度游标尺

(a) 深度游标尺；(b) 高度游标尺

4．注意事项

使用游标卡尺时应注意如下事项：

(1) 使用前，先擦净卡脚，然后合拢两卡脚使之贴合。检查主、副尺的零线是否对齐，若未对齐，应在测量后根据原始误差修正读数。

(2) 测量时，卡脚不得用力紧压工件，以免卡脚变形或磨损，降低测量的准确度。

(3) 游标卡尺仅用于测量加工过的光滑表面，表面粗糙的工件和正在运动的工件都不宜用它测量，以免卡脚过快磨损。

6.2　千　分　尺

千分尺是比游标卡尺更为精确的测量工具，其测量准确度为 0.01 mm。有外径千分尺、内径千分尺和深度千分尺几种。外径千分尺按其测量范围有 0～25 mm，25～50 mm，50～75 mm，75～100 mm，100～125 mm 等多种规格。

图 6-5 是测量范围为 0～25 mm 的外径千分尺，其螺杆与活动套筒连在一起，当转动活动套筒时，螺杆与活动套筒一起向左或向右移动。千分尺的刻线原理和读数方法如图 6-6 所示。

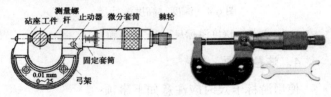

图 6-5　外径千分尺

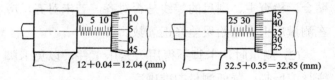

12＋0.04＝12.04 (mm)　　32.5＋0.35＝32.85 (mm)

图 6-6　千分尺的刻线原理及读数方法

1．刻线原理

千分尺上的固定套筒和活动套筒相当于游标卡尺的主尺和副尺。固定套筒在轴线方向上刻有一条中线，中线的上、下方各刻一排刻线，刻线每小格为 1 mm，上、下两排刻线相互错开 0.5 mm，在活动套筒左端圆周上有 50 等分的刻度线。因测量螺杆的螺距为

0.5 mm，即螺杆每转一周，轴向移动 0.5 mm，故活动套筒上每一小格的读数值为 0.5 mm/50=0.01 mm。当千分尺的螺杆左端与砧座表面接触时，活动套筒左端的边线与轴向刻度线的零线重合，同时圆周上的零线应与中线对准。

2．读数方法

千分尺的读数方法可分为三步：

(1) 读出距边线最近的轴向刻度数(应为 0.5 mm 的整数倍)。

(2) 读出与轴向刻度中线重合的圆周刻度数。

(3) 将以上两部分读数加起来即为总尺寸。

3．使用方法

千分尺的使用方法如图 6-7 所示。其中，(a)图是测量小零件外径的方法，(b)图是在机床上测量工件的方法。

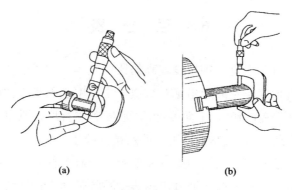

(a)   (b)

图 6-7 千分尺的测量方法

4. 注意事项

使用千分尺应注意以下事项：

(1) 使用前应先校对零点。将砧座与螺杆接触(先擦干净)看圆周刻度零线是否与中线零点对齐。若有误差，应记住此数值，在测量后根据原始误差修正读数。

(2) 当测量螺杆快要接触工件时，必须旋拧端部棘轮(此时严禁使用活动套筒，以防用力过度测量不准)，当棘轮发出"嘎嘎"打滑声时，表示压力合适，停止拧动。

(3) 被测工件表面应擦干净，并准确放在千分尺两测量面之间，不得偏斜。

(4) 测量时不能预先调好尺寸，锁紧螺杆，再用力卡过工件，否则将导致螺杆弯曲或测量面磨损，从而降低测量准确度。

(5) 读数时要注意，提防少读 0.5 mm。

6.3 百 分 表

百分表是一种精度较高的比较量具，它只能测出相对数值，不能测出绝对数值，主要用于测量工件的形状误差(圆度、平面度)和位置误差(平行度、垂直度和圆跳动等)，亦常用于工件的精密找正。

百分表的结构如图 6-8 所示。当测量杆向上或向下移动 1 mm 时，通过齿轮传动系统带动大指针转一圈，小指针转一格。刻度盘在圆周上有 100 个等分格，每格的读数值为 1 mm/100 = 0.01 mm，小指针每格读数为 1 mm。测量时，大、小指针所示读数之和即为尺寸变化量，小指针处的刻度范围为百分表的测量范围。刻度盘可以转动，供测量时大指针对零用。百分表使用时常装在专用的百分表表座上，如图 6-9 所示。

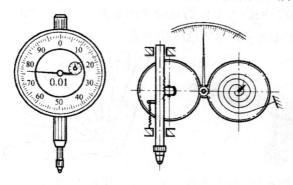

图 6-8　百分表的结构

图 6-9　百分表表座

6.4　90°角尺

直角尺如图6-10所示，其两边成准确的90°，用来检查工件的垂直度。当直角尺的一边与工件的一面贴紧时，若工件的另一面与直角尺的另一边之间露出缝隙，则说明工件的这两个面不垂直，用塞尺(见图6-11)即可量出垂直度的误差值。

图6-10　90°直角尺

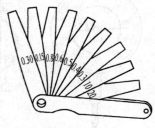

图6-11　塞尺

6.5　塞　尺

塞尺又称厚薄规，如图6-11所示。它由一组薄钢片组成，其厚度为0.03～0.3 mm。测量时用厚薄尺直接塞间隙，当一片或数片能塞进两贴合面之间，则一片或数片的厚度(可由每片上的标记读出)，即为两贴合面之间的间隙值。

使用厚薄尺必须先擦净尺面和工件，测量时不能用力硬塞，以免尺片皱曲和折断。

量具必须精心保养。量具保养得好坏，直接影响它的使用寿命和零件的测量精度。因此，使用量具时必须做到以下几点：

(1) 量具在使用前、后必须擦拭干净。要妥善保管，不能乱扔、乱放。

(2) 不能用精密量具去测量毛坯或运动着的工件。

(3) 测量时不能用力过猛、过大，也不能测量温度过高的工件。

6.6　使用量具专训

1. 用游标卡尺测量几个尺寸。
2. 用千分尺测量一张纸的厚度。

任务七 零件的技术要求

切削加工的目的在于加工出符合设计要求的机械零件。设计零件时，为了保证机械设备的精度和使用寿命，应根据零件的不同作用提出合理的要求，这些要求统称为零件的技术要求。零件的技术要求包括五个方面：① 表面粗糙度；② 尺寸精度；③ 形状精度；④ 位置精度；⑤ 零件的材料、热处理和表面处理等。前四个方面主要由切削加工保证。

7.1 表面粗糙度

在切削加工中，由于振动、刀痕以及工具与工件之间的摩擦，会在工件已加工表面不可避免地产生一些微小的峰谷，导致零件的表面有的光滑，有的粗糙。即使看起来很光滑的表面，经过放大以后，也会发现它们是高低不平的。零件表面的这种微观不平度称为表面粗糙度。表面粗糙度对零件的使用性能有很大的影响。

国家标准详细规定了表面粗糙度的各种参数及数值、所用代号及其标注等。其中，最为常用的是轮廓算术平均偏差 R_a。其常用允许值数系分别为 50，25，

12.5，6.3，3.2，1.6，0.8，0.4，0.2，0.1，0.05，0.025，0.012，0.008 等，单位为μm。R_a 值愈大，则零件表面愈粗糙；反之，则零件表面愈平整、光洁。

表面粗糙度对零件的尺寸精度和零件之间的配合性质、零件的接触刚度、耐蚀性、耐磨性以及密封性等有很大影响。在设计零件时，要根据具体条件合理地选择 R_a 的允许值。R_a 值越小，加工越困难，成本越高。除了外观需要外，一般在满足使用要求的情况下，选用较低要求的表面粗糙度，以降低成本。

7.2 尺寸精度

尺寸精度是指零件的实际尺寸相对于理想尺寸的准确程度。尺寸精度是用尺寸公差来控制的。尺寸公差是切削加工中零件尺寸允许的变动量。在基本尺寸相同的情况下，尺寸公差愈小，则尺寸精度愈高。如图 7-1 所示，尺寸公差等于最大极限尺寸与最小极限尺寸之差，或等于上偏差与下偏差之差。

国标将确定尺寸精度的标准公差等级分为 20 级，分别用 IT01，IT0，IT1，IT2，…，IT18 表示，IT01 的公差值最小，尺寸精度最高。

机械加工所获得的尺寸精度一般与所用设备、刀具和切削条件等密切相关。在一般情况下，若尺寸精度越高，则零件工艺过程越复杂，加工成本越高。因此，设计零件时，在保证零件使用性能的前提下，应尽量选用较低的尺寸精度。

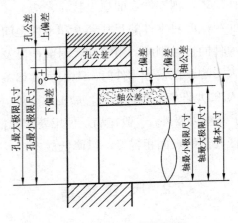

图 7-1　尺寸公差的概念

7.3　形　状　精　度

为了使机器零件能正确装配，有时单靠尺寸精度来控制零件的几何形状是不够的，还要对零件的表面形状和相互位置提出要求。形状精度是指零件上的线、面要素的实际形状相对于理想形状的准确程度，形状精度是用形状公差来控制的。为了适应各种不同的情况，国标规定了六项形状公差，如表 7-1 所示。下面简单介绍其中的直线度、平面度、圆度、圆柱度公差的标注及其误差常用的检测方法。

表 7-1　形状公差的名称及符号

项目	直线度	平面度	圆度	圆柱度	线轮廓度	面轮廓度
符号	—	⏥	○	⌭	⌒	⌓

1．直线度

直线度是指零件被测素线(如轴线、母线、平面交线、平面内直线)直与不直的程度。在图 7-2 中，图(a)为直线度公差的标注方法，表示箭头所指的圆柱表面上任一条母线的直线度公差为 0.02 mm；图(b)为小型零件直线度误差的一种检测方法，将刀口尺(或平尺)与被测直线直接接触，并使两者之间的最大缝隙为最小，此时最大缝隙值即为直线度误差。误差值根据缝隙测定：当缝隙较小时，按标准光隙估读；当缝隙较大时，可用塞尺测量。

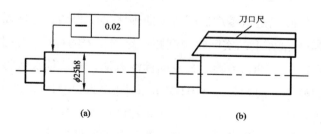

图 7-2　直线度的标注与检测

2．平面度

平面度是指零件被测平面要素平的程度。在图 7-3中，图(a)为平面度公差的标注方法，表示箭头所指平面的平面度公差为 0.01 mm；图(b)为小型零件平面度误差的一种检测方法，将刀口尺的刀口与被测平面直接接触，在各个不同方向上进行检测，其中最大缝隙值即为平面度误差，其缝隙值的确定方法与刀口尺检测直线度误差相同。

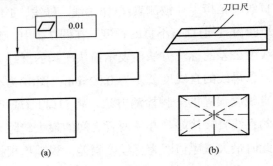

图 7-3　平面度的标注与检测

3．圆度

圆度是指零件的回转表面(圆柱面、圆锥面、球面等)横剖面上的实际轮廓圆和理想圆相差的程度。在图 7-4 中，图(a)为圆度公差的标注方法，表示箭头所指圆柱面的圆度公差为 0.007 mm；图(b)为圆度误差的一种检测方法，将被测零件放置在圆度仪工作台上，并将被测表面的轴线调整到与圆度仪的回转轴线重合，测量头每回转一周，圆度仪即可显示出该测量截面的圆度误差。测量若干个截面，其中最大的圆度误差值即为被测表面的圆度误差。圆度误差值实际上是包容实际轮廓线的两个半径差为最小的同心圆的半径差值，如图 7-4(c)所示。

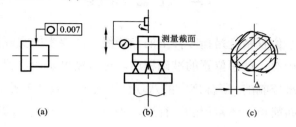

图 7-4　圆度的标注与检测

4．圆柱度

圆柱度是指零件上被测圆柱轮廓表面的实际形状与理想圆柱相差的程度。圆柱度公差的标注和误差的检测分别如图 7-5(a)、(b)所示，检测方法与圆度误差的检测大致相同，不同的是测量头一边回转一边沿工件轴向移动。圆柱度误差值实际上是包容实际轮廓面的两个半径差为最小的同心圆柱的半径差值，如图7-5(c)所示。

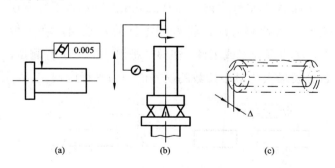

图 7-5　圆柱度的标注与检测

7.4 位置精度

位置精度是指零件上的点、线、面要素的实际位置相对于理想位置的准确程度。位置精度是用位置公差来控制的。国标规定的八项位置公差如表 7-2 所示。下面简单介绍常用的平行度、垂直度、同轴度、圆跳动公差的标注及常用的误差检测方法。

表 7-2   位置公差的名称及符号

项目	平行度	垂直度	倾斜度	位置度	同轴度	对称度	圆跳动	全跳动
符号	//	⊥	∠	⊕	◎	=	↗	↗↗

1. 平行度

平行度是指零件上被测要素(面或直线)相对于基准要素(面或直线)平行的程度。在图 7-6 中，图(a)为平行度公差的标注方法，表示箭头所指平面相对于基准平面 A 的平行度误差为 0.02 mm；图(b)为平行度误差的一种检测方法，将被测零件的基准面放在平板上，移动百分表或工件，在整个被测平面上进行测量，百分表最大与最小读数的误差值即为平行度误差。

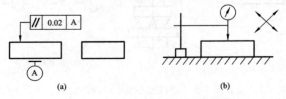

(a)   (b)

图 7-6   平行度的标注与检测

2．垂直度

垂直度是指零件上被测要素(面或直线)相对于基准要素(面或直线)垂直的程度。在图 7-7 中，图(a)为垂直度公差的标注方法，表示箭头所指平面相对于基准平面 A 的垂直度公差为 0.03 mm；图(b)为垂直度误差的一种检测方法，其缝隙值用光隙法或用塞尺读出。

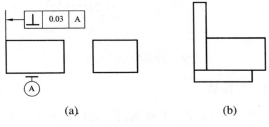

(a)   (b)

图 7-7　垂直度的标注与检测

3．同轴度

同轴度是指零件上被测回转表面的轴线相对于基准轴线同轴的程度。在图 7-8 中，图(a)为同轴度公差的标注方法，表示箭头所指圆柱面相对于基准轴线 A、B 的同轴度公差为 0.03 mm；图(b)为同轴度误差的一种检测方法，将基准轴线 A、B 的轮廓表面的中间截面放置在两个等高的刀口状的 V 形架上。首先在轴向测量，取上、下两个百分表在垂直基准轴线的正截面上测得的各对应点的读数值 $|M_a - M_b|$ 作为该截面上的同轴度误差。再转动零件，按上述方法测量若干

个截面，取各截面测得的读数差中的最大值(绝对值)作为该零件的同轴度误差。这种方法适用于测量表面形状误差较小的零件。

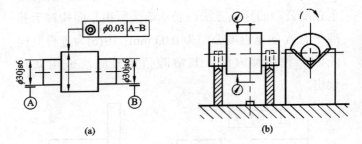

图 7-8　同轴度的标注与检测

4. 圆跳动

圆跳动是指零件上被测回转表面相对于以基准轴线为轴线的理论回转面的偏离度。按测量方向不同，有端面、径向和斜向圆跳动之分。在图 7-9 中，图(a)、(c)为圆跳动公差的标注方法。图(a)表示箭头所指的表面相对于基准轴线 A、B 的端面、径向、斜向圆跳动公差分别为 0.04 mm、0.03 mm、0.03 mm；图(c)表示箭头所指的表面相对于基准轴线 A 的端面、径向、斜向圆跳动公差分别为 0.03 mm、0.04 mm、0.04 mm；图(b)、(d)为圆跳动误差的检测方法，对于轴类零件，支撑在偏摆仪两顶尖之间用百分表测量；对于盘类零件，先将零件安装在锥度心轴上，然后支撑在偏摆仪两顶尖之间用百分表测量。

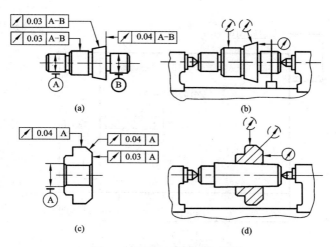

图 7-9　圆跳动的标注与检测

7.5　零件技术要求专训

试分析图 7-10、图 7-11 和图 7-12 上的零件技术要求的含义。

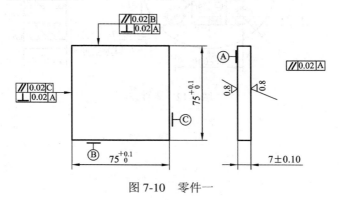

图 7-10　零件一

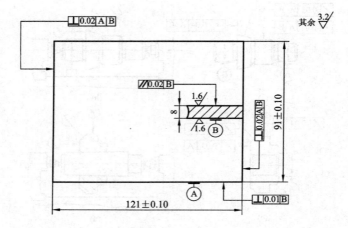

图 7-11　零件二

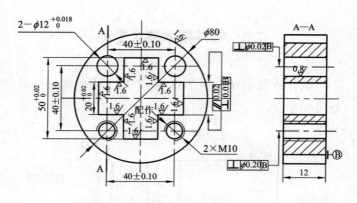

图 7-12　零件三

任务八　车削加工工艺

8.1　机械加工工艺规程的内涵

零件机械加工工艺就是零件加工的方法和步骤，是零件加工的依据。在一定的生产条件下，某一零件的加工方法和步骤可能有多种，但往往只有相对合理的才是比较正确的。而把我们认为比较合理和正确的方法和步骤以一定的形式固定下来制定成指导性的文件，称为机械加工工艺规程。

合理的工艺方案必须满足以下要求：

(1) 保证零件的全部技术要求；

(2) 生产效果最高；

(3) 加工成本最低；

(4) 加工过程安全可靠。

机械加工工艺规程的内容包括：排列加工工序；确定所用机床、装夹方法、度量方法、工夹量具、加工余量、切削用量和时间定额等。

8.2　制定机械加工工艺的意义

合理制定零件的加工工艺规程，具有重要的技术及经济意义。首先，工艺规程是指导生产的重要技术文件，只有严格按照工艺规程进行生产，才能稳定地保证产品质量，提高劳动生产率，降低成本。其次，车间生产组织和管理工作以及车间的扩建，都是以零件的加工工艺规程为依据的。

任何人在生产中都不可随意改变工艺规程中所规定的工艺流程及加工方法，如需要改变，则必须由技术权威人士或部门进行。

8.3　制定零件加工工艺的步骤

零件加工工艺的基本步骤如下：

(1) 研究零件图样及其技术要求；

(2) 选择毛坯的类型；

(3) 进行零件的工艺分析；

(4) 拟定工艺过程；

(5) 编制工艺卡片。

8.4　车削加工工艺实例

轴类零件是最常见的典型零件之一。而阶梯轴的车削工艺是一种典型的轴类零件加工工艺，反映了轴类零件加工的大部分内容与基本规律。结合实训教学实际，用台阶轴车削加工工艺来了解车削加工工艺，并通过一个产品件(哑铃)的加工过程来进一步地掌握车削加工。

1. 台阶轴车削工艺步骤

1) 零件图

零件图如图 8-1 所示。

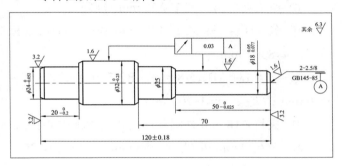

图 8-1 零件图

2) 材料

材料为 45# 圆钢。

3) 车削加工工艺

① 锯床下料，45# 钢，$\phi 35 \times 123$ mm，卷尺。

② 车床上用三爪卡盘装夹，伸出长度 $L=80$ mm。

③ 车端面见平，45° 车刀，$n=800$ r/min，$f=0.15 \sim 0.25$ mm/r，$a_p \leqslant 2$ mm。

④ 钻中心孔 B2.5/8 mm，中心钻 B2.5，$\phi 1 \sim \phi 16$ mm 钻夹头，$n=1120$ r/min。

⑤ 车 $\phi 25$ mm 外圆，$L=70$ mm，90° 车刀，$0 \sim 150$ mm 游标卡尺，$n=800$ r/min，$f=0.15 \sim 0.25$ mm/r，

$a_p \leqslant 2$ mm。

⑥ 车 $\phi 18$ mm 外圆，$L=70$ mm，90°车刀，$0\sim$ 150 mm 游标卡尺，$0\sim25$ mm 千分尺，$n=800$ r/min，$f=0.15\sim0.25$ mm/r，$a_p \leqslant 2$ mm。

⑦ 倒角 $1\times45°$，45°车刀，$n=800$ r/min。

⑧ 掉头夹持另一端车 $\phi 25$ mm 外圆。

⑨ 车端面保证总长 $L=120$ mm，$0\sim150$ mm 游标卡尺，$n=800$ r/min。

⑩ 钻中心孔 B2.5/8 mm，B2.5 中心钻，$\phi 1\sim$ $\phi 16$ mm 钻夹头，$n=1120$ r/min。

⑪ 夹持 $\phi 18$ mm 外圆并用活顶尖顶上中心孔。

⑫ 车 $\phi 32$ mm 外圆，$L\geqslant50$ mm，90°车刀，$25\sim$ 50 mm 千分尺，$n=800$ r/min，$f=0.15\sim0.25$ mm/r，$a_p \leqslant 2$ mm。

⑬ 车 $\phi 24$ mm 外圆，$L=20$ mm，90°车刀，$0\sim$ 150 mm 游标卡尺，$0\sim25$ mm 千分尺，$n=800$ r/min，$f=0.15\sim0.25$ mm/r，$a_p \leqslant 2$ mm。

⑭ 倒角 $1\times45°$，45°车刀，$n=800$ r/min。

⑮ 打学号印记，四号钢字头，锤子。

⑯ 检测。

2. 哑铃车削工艺步骤

1) 装配图和零件图

装配图如图 8-2 所示，零件图如图 8-3 所示。

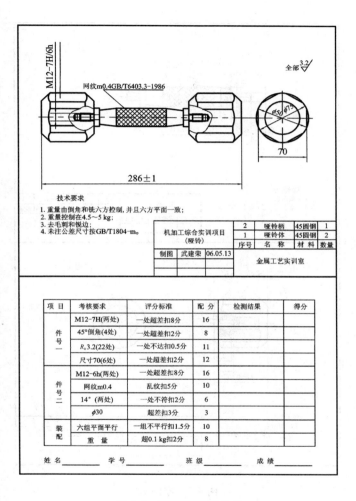

技术要求

1. 重量由倒角和铣六方控制，并且六方平面一致；
2. 重量控制在4.5～5 kg；
3. 去毛刺和锐边；
4. 未注公差尺寸按GB/T1804-m。

机加工综合实训项目		2	哑铃柄	45圆钢	1
(哑铃)		1	哑铃体	45圆钢	2
		序号	名　称	材　料	数量
制图	武建荣　06.05.13		金属工艺实训室		

项　目	考核要求	评分标准	配　分	检测结果	得　分
件号一	M12-7H(两处)	一处超差扣8分	16		
	45°倒角(4处)	一处超差扣2分	8		
	R_a3.2(22处)	一处不达扣0.5分	11		
	尺寸70(6处)	一处超差扣2分	12		
件号二	M12-6h(两处)	一处超差扣8分	16		
	网纹m0.4	乱纹扣5分	10		
	14°(两处)	一处不符扣2分	6		
	ϕ30	超差扣3分	3		
装配	六组平面平行	一组不平行扣1.5分	10		
	重　量	超0.1 kg扣2分	8		

姓　名 _____　学　号 _____　班　级 _____　　成　绩 _____

图 8-2　装配图和评分表

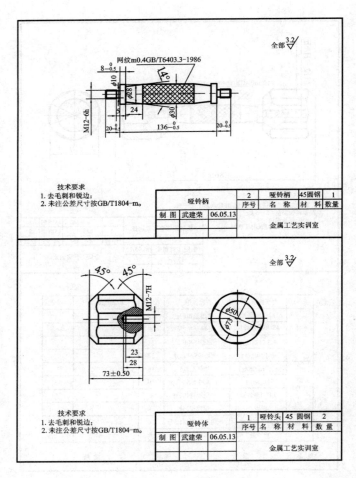

图 8-3 零件图

2) 材料

材料为 45# 圆钢。

3) 车削加工工艺

(1) 哑铃体的车削加工工艺。

① 备料：$\phi75 \times 80$ mm 45# 圆钢，锯床，钢板尺。

② 用三爪卡盘夹持工件，使工件一面靠在卡盘平面。

③ 车平端面，45° 车刀，n=560 r/min，f=0.25 mm/r，$a_p \leq 1.5$ mm。

④ 车 $\phi70$ mm 的工艺平台，长度 L=10 mm，90° 车刀，n = 560 r/min，f = 0.25 mm/r，$a_p \leq 1.5$ mm。

⑤ 掉头夹持 $\phi70$ mm 的工艺平台处，靠平卡爪平面，夹紧。

⑥ 车平端面，45° 车刀，n=560 r/min，f=0.25 mm/r，$a_p \leq 1.5$ mm。

⑦ 钻中心孔，A4 中心钻，钻夹头，n=800 r/min。

⑧ 用活顶尖支撑工件一端。

⑨ 车 $\phi73$ mm 外圆，长度 L=65 mm，90° 车刀，n=560 r/min，f=0.10～0.21 mm/r，$a_p \leq 1.5$ mm。

⑩ 钻 $\phi10.2$ mm 待制螺纹孔，L=28 mm，n=560 r/min，加冷却液。

⑪ 倒内角，用大号中心钻。

⑫ 攻 M12-7H 螺纹，L=23 mm，n=25 r/min，先机动后手动。

⑬ 车 45° 斜面。用小溜板转 45° 角，车圆锥小头至 $\phi50$ mm，n = 560 r/min，$a_p \leq 1.5$ mm，用砂布打磨

棱角。

⑭ 掉头夹持 ϕ73 mm 处，伸出长度 $L\approx$25～30 mm，垫铜皮，夹正靠平。

⑮ 车端面至总长 L=73 mm，45°车刀，n=560 r/min，f=0.25 mm/r，$a_p\leqslant$1.5 mm。

⑯ 车 45°斜面，方法同步骤⑬。

⑰ 打学号印记，四号钢字头，锤子。

⑱ 检测。

(2) 哑铃柄的车削加工工艺。

① 备料：ϕ32×180 mm 45# 圆钢，锯床，钢板尺。

② 用三爪卡盘夹持工件中部。

③ 车平端面，45°车刀，n=800 r/min，f=0.25 mm/r，$a_p\leqslant$1 mm。

④ 车一个 ϕ25 mm 的工艺台，长度 L=15 mm，90°车刀，n=800 r/min，f=0.25 mm/r，$a_p\leqslant$1.5 mm。

⑤ 掉头夹持 ϕ32 mm 的中部。

⑥ 车平端面，45°车刀，n=800 r/min。

⑦ 钻中心孔 A2.5/5.3，A2.5 中心钻，n=1120 r/min。

⑧ 夹持 ϕ25 mm 工艺头，另一端用活顶尖支撑。

⑨ 车 ϕ30 mm 外圆，长度 L>156 mm，90°车刀，n=800 r/min，f=0.25 mm/r，$a_p\leqslant$1 mm。

⑩ 车两端 14°圆锥面，保证其各自所处位置，90°正、反偏刀，n=800 r/min，采用小溜板转位正反

7°，手动进给车削。

⑪ 在 ϕ30 mm 处滚花，n =25 r/min，f=0.10 mm/r。

⑫ 车两端 ϕ28 mm 处，90°正偏刀，n =800 r/min，f = 0.13～0.25 mm/r。

⑬ 车右端 ϕ12 mm 外圆，L=20 mm，90°正偏刀，n = 800 r/min，f=0.25 mm/r，a_p≤1.5 mm。

⑭ 切 3×1 mm 槽，切槽刀，n =560 r/min，手动进给。

⑮ 倒各处锐边角，45°车刀，n=560 r/min。

⑯ 二次装夹，夹持 ϕ32 mm 处，垫铜皮，找正。

⑰ 套 M12-6h 螺纹，M12 圆板牙，n=25 r/min，先机动后手动。

⑱ 掉头再夹持 ϕ30 mm 处，垫铜皮，找正。

⑲ 车端面至总长 L=178 mm，45°车刀，n= 800 r/min。

⑳ 车 ϕ12 mm 外圆，L=20 mm，n=800 r/min，f=0.25 mm/r，a_p≤1.5 mm。

㉑ 切 3×1 mm 槽，切槽刀，n =560 r/min，手动进给。

㉒ 倒角，45°车刀。

㉓ 套 M12-6h 螺纹，n =25 r/min。

㉔ 打学号印记，四号钢字头，锤子。

㉕ 检测。

3. 仿古大炮模型加工工艺

1) 装配图和零件图

装配图如图 8-4 和零件图如图 8-5 所示。

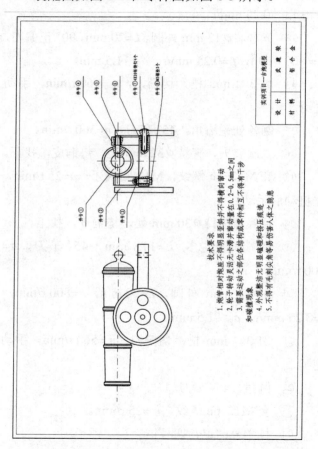

图 8-4　仿古大炮模型装配图和零件图

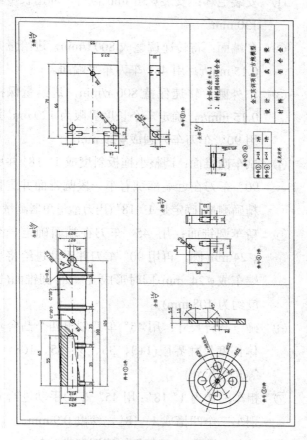

图 8-5 仿古大炮模型装配图和零件图

2) 材料

材料为 6061 铝合金。

3) 车削加工工艺

(1) 零件 1 的车削加工工艺。

① 安装毛坯：安装ϕ30 mm 材料，伸出长度约 130 mm。

② 车端面：将转速调整成 800 r/min，进给量为 0.15 mm/r，用 45°车刀车平端面。

③ 车外圆：转速保持 800 r/min，进给量保持 0.15 mm/r，确定一个长度界限为 120 mm 并用 90°车刀车外圆成ϕ29 mm。

④ 试车圆锥面：调整小拖板斜度成 1°18′并用 90°车刀在近端部试着车一段圆锥面并进行精确测量,确定是 1°18′(用万能量角器测量)。

⑤ 精车圆锥面：用 45°车刀在端面确定一个ϕ24 mm 圆，再用 90°车刀并手动进给将小端车成ϕ24 mm 同时形成 1°18′圆锥面(长度约为 108 mm)。

⑥ 确定凸台尺寸：用 45°车刀划出四个凸台具体长度尺寸界限(1+3、35、3、35、108、3 等几个尺寸)。

⑦ 粗车凹槽内 1°18′：用 45°车刀手动进给分别车三个凹槽成 1°18′，深度 0.9 mm。

⑧ 精车凹槽成 1°18′：将转速调整成 1120 r/min，继续用 45°车刀分别车成三个凹槽，切入深度 0.1 mm。

⑨ 倒角：将转速调整成 800 r/min，用 45°车刀倒端部角成 1×45°。

⑩ 钻中心孔：保持转速 800 r/min，在端部钻中心孔。

⑪ 钻孔：保持转速 800 r/min，用 ϕ12 mm 麻花钻头钻深度 55 mm 孔，加适量冷却液进行冷却。

⑫ 倒角：转速 110 r/min，并用大中心钻或大钻头倒孔内的角。

⑬ 划线：在划线平台用"V"型铁安装定位并用高度尺按图划线(划完不要从"V"型铁上拆下)。

⑭ 钻孔：划完线连同"V"型铁一起上钻床钻 ϕ4 孔。

⑮ 切断：将转速调整成 560 r/min，用切断刀按照总长度 130 mm 将零件切下来。

⑯ 车炮管尾部：将炮管用专用套夹持，用成型刀车车炮管尾部球形体。

(2) 零件 2 的车削加工工艺。

① 安装 ϕ55×200 mm 材料，伸出长度约 100 mm。

② 车端面：将转速调整成 560 r/min，进给量为 0.15 mm/r，用 45°车刀车平端面并倒角。

③ 掉头装夹：转速保持 560 r/min，进给量保持 0.15 mm/r，将端面车平。

④ 划线：在端面划出一 ϕ30 mm 圆，以备划四个 ϕ8 孔中心。

⑤ 在平台上划线：将零件固定在 V 型铁上划出四个 ϕ8 孔中心的坐标线。

⑥ 打样冲眼：在四个 $\phi 8$ 孔中心打样冲眼。

⑦ 钻 $\phi 8$ 孔：在钻床上钻孔，选择 $\phi 8$ mm 麻花钻头并依次钻出四个 $\phi 8$ 孔，深度约 60 mm。

⑧ 安装：在车床上用三爪卡盘夹持，伸出长度约 100 mm。

⑨ 车端面：将转速调整成 800 r/min，用 45° 车刀车平端面。

⑩ 车外圆：调整转速 360 转，进给量为 0.15 mm/r，用 90° 车刀划出长度为 80 mm 长度界限，同时车出 $\phi 54$ mm 外圆。

⑪ 钻中心孔：调整转速为 800 r/min，并用 A2.5 中心钻钻中心孔。

⑫ 钻孔：转速 800 r/min，用 $\phi 4$ mm 麻花钻头钻深度 20 mm 孔，加适量冷却液进行冷却。

⑬ 划线：使工件旋转并用 45° 车刀分别划出 $\phi 15$ 和 $\phi 45$ 圆。

⑭ 车凹环形槽：将转速调整成 800 r/min，用 45° 车刀车出环形凹槽。

⑮ 倒内外角：分别将孔内和外圆上角倒钝。

⑯ 切断：转速 360 r/min，用切断刀将零件按照厚度 5.5 mm 切下来。

⑰ 安装：将所切端面向外安装并找正。

⑱ 车端面：用 45° 车刀车端面成厚度 5 mm 并倒角。

(3) 零件 3 的车削加工工艺。

① 锯床下料：将 $10 \times 60 \times 1000$ mm 板材按照长度 72 mm 一件锯断。

② 车床车削：用四爪卡盘夹持并调整转速为

400～500 r/min。

- 　■　将所切的切口面车平。
- 　■　将所切另一切口端面车成长度尺寸 70 mm。
- 　■　进一步车第三周边成宽度 55 mm。

③　倒角去毛刺。

④　划线：在平板上划出 4 个 ϕ5.5 孔和 M5 螺孔的位置中心并打样冲眼。

⑤　钻孔(钻床)：转速约 700～800 r/min。

⑥　用 ϕ5.5 和 ϕ4.2 麻花钻头分别钻出 4 个 ϕ5.5 孔和 M5 螺纹小径孔。

⑦　用 M5 丝锥攻出 M5 螺纹孔。

⑧　倒角去毛刺并用纱布把未车削平面打磨光。

(4) 零件 4 的车削加工工艺。

①　锯床下料：将 10×25×1000 mm 毛坯按照长度 20 mm 一件锯断。

②　车床车削：用四爪卡盘夹持并调整转速为 400～500 r/min；将所切的切口面车平；将所切的另一切口端面车成宽度尺寸 16 mm。

③　倒角去毛刺。

④　划线：在平板上划出 ϕ5.5 孔和 M5 螺孔的位置中心并打样冲眼。

⑤　钻孔(钻床)：转速约 700～800 r/min，用 ϕ5.5 和 ϕ4.2 麻花钻头分别钻出 ϕ5.5 通孔和 M5 螺纹小径孔。

⑥ 用 M5 丝锥攻出 M5 螺纹孔。

⑦ 倒角去毛刺并用纱布把未车削平面打磨光。

(5) 零件 5、6 的车削加工工艺

① 在车床上用转速 700～800 r/min，选用 $\phi 10$ 尼龙材料和高速钢车刀。

② 车外圆 $\phi 5.5$ 与所装配孔产生过盈配合，长度 15 mm。

③ 钻孔 $\phi 4$，长度 15 mm。

④ 用窄切刀切下分别为 14 或 10 mm 两种规格各两件。

(6) 仿古大炮模型装配步骤。

① 按照装配图将所有零件种类件数配齐。

② 将所有加工零件去毛刺倒角。

③ 将件号⑦铆钉抽去拉头后装入件号⑤衬套内。

④ 将件号⑦与件号⑤装配好的组件一同装入件号④炮架上。

⑤ 将件号①炮管与两组炮架组件装配。

⑥ 将件号③炮座与件号⑥衬套装配。

⑦ 用件号⑧M5×15 螺栓将炮管组件与炮座组件连接并固定。

⑧ 将件号②炮轮装于件号⑦空心铆钉上（空心铝铆钉当做轴）并装于件号③炮座上，同时保证件号②在轴上有 0.3～0.5 mm 轴向窜动量，并能在轴上灵活转动。

参 考 文 献

[1] (职业技能鉴定指导)编审委员会. 车工. 北京：中国劳动出版社，1997.

[2] 刘明华. 铣工. 北京：中国劳动出版社，1996.

[3] 杨和. 车钳工技能训练. 天津：天津大学出版社，2000.

[4] 方子良. 机械加工工艺学. 上海：上海交通大学出版社，1998.

[5] 机械工业职业技能鉴定指导中心. 初级铣工技术. 北京：机械工业出版社，1999.

[6] 吴国梁. 铣工实用技术手册. 南京：江苏科学技术出版社，2003.

[7] 陈宏均. 车工实用技术. 北京：机械工业出版社，2002.

[8] 常宝珍，等. 车工技术问答. 北京：机械工业出版社，2002.

图书在版编目(CIP)数据

现代车工实用实训 / 李志军，武建荣编著.
—西安：西安电子科技大学出版社，2015.2
(现代金属工艺实用实训丛书)
ISBN 978-7-5606-3612-2

Ⅰ. ① 现… Ⅱ. ① 李… ② 武… Ⅲ. ① 车削—高等职业

教育—教材 Ⅳ. ① TG51

中国版本图书馆 CIP 数据核字(2015)第 020416 号

策　　划	马乐惠	
责任编辑	马乐惠　伍　娇	
出版发行	西安电子科技大学出版社(西安市太白南路 2 号)	
电　　话	(029)88242885　88201467　　邮　编　710071	
网　　址	www.xduph.com	
电子邮箱	xdupfxb001@163.com	
经　　销	新华书店	
印刷单位	陕西天意印务有限责任公司	
版　　次	2015 年 2 月第 1 版　　2015 年 2 月第 1 次印刷	
开　　本	787 毫米×960 毫米　1/32　　印 张 3.75	
字　　数	68 千字	
印　　数	1～3000 册	
定　　价	8.00 元	

ISBN　978-7-5606-3612-2/TG

XDUP　3904001-1

如有印装问题可调换

本社图书封面为激光防伪覆膜，谨防盗版。